만점을 위한 1등노트 필기

초등4-2
사회편

교과서와 노트만으로 100점 맞는 법

만점을 위한 1등 노트 필기
: 초등 4-2 사회편

1판 1쇄 발행 2010년 9월 10일

집필	강승임 · 김주희
기획	이봉순
편집	디박스
디자인	디박스
일러스트	강은옥(blog.naver.com/hayama84)
발행인	이연화
발행처	아주큰선물

주소	서울시 용산구 이촌동 한가람 Ⓐ 214-1002
대표전화	02-796-7411
대표팩스	02-796-7412
등록번호	106-09-23890

교과서와 노트만으로 100점 맞는 법~

만점을 위한 1등 노트 필기

초등 4·2
사회편

강승임, 김주희 공저

아주큰선물

4학년 사회 100점 공부법~
노트 필기로 하나씩, 천천히, 확실히!

4학년부터 어려워지는 '사회!'

4학년이 되면 대부분의 교과목이 어려워지기 시작합니다. 공부할 내용도 많고 개념이나 어휘도 어렵고 생소하지요. 이 중에서도 사회는 더 많은 시간과 노력을 들이지 않으면 결국 포기하게 되는 과목이 되어 버린답니다. 그렇다고 무작정 사회 공부만 할 수는 없지요. 그러면 어떻게 준비하고 공부해야 할까요?

어렵고 힘든 상황일수록 기본으로 돌아가라는 말이 있어요. 이 말은 사회 공부에 정확히 들어맞는 말이랍니다. 공부할 게 많고 어렵다고 한없이 문제집에만 의존하거나 전과만 들여다 볼 것이 아니라 기본으로 돌아가 교과서를 꼼꼼히 읽고 분석한 뒤 그 내용을 노트에 정리해 두는 것이 가장 중요합니다.

그런데 바뀐 사회 교과서를 보니 조금 당황스러울 수 있어요. 전과는 달리 활동 문제들이 잔뜩 나와 있고 특별히 답도 적혀 있지 않으니까요. 그래서 학교에서는 전보다 수행평가도 더 많이 내고, 선생님은 교과서 내용을 간단히 설명하는 데 그치지요. 아이들에게 발표 시간을 많이 주기 위해서예요. 그런데 정작 아이들은 교과서에 학습 제재에 대한 설명이 자세하게 나와 있지 않아서 어떻게 수행평가를 해야 하고 어떤 내용으로 사회 공부를 해야 하는지 막막해요.

　이렇게 새로 생긴 문제들을 해결하고, 전통적으로 사회를 공부하는 가장 빠르고 확실한 방법을 알려 주기 위해 직접 손글씨 노트 필기 책을 쓰게 되었습니다.

　새 교과서의 내용을 꼼꼼히 분석하여 꼭 외워야 하는 핵심 내용을 중심으로 정리하였고, 아이들이 중요한 내용과 중요하지 않은 내용을 눈으로 직접 구분할 수 있도록 빨간색으로 명확히 표시하였어요. 그리고 다른 색깔 펜을 이용하여 내용 이해에 도움이 되는 보충 글도 적어 두었어요. 또 한 가지, 시험에 많이 나오는 표와 그래프를 직접 그려서 아이들이 친근하게 이해할 수 있도록 하였답니다.

　새 교육과정에 맞춘 손글씨 노트 필기를 통해 모두 어렵다는 사회 시험에서 만점을 맞길 기대해 봅니다.

강승임, 김주희

목차

3장. 사회 교과서 완전정복 만점 노트 필기

1장

사회 만점을 위한
가장 좋은 노트 필기법

벌써부터 노트 필기를 통해 사회 공부를 한 친구들은 이제 다 습관이 잡혀 좋은

성적을 받고 있을 거예요. 그런데 아직 필기 습관이 들지 않은 아이들은 사회를

어렵고 귀찮은 공부라고 생각할 수 있지요.

　그렇다면 새 마음 새 뜻으로 노트 필기부터 다시 시작해 봅니다. 급하다고 문제만 잔뜩

풀기보다 언제나 처음의 마음으로 기초부터 재검토하고 다지는 것이 매우 중요합니다.

그럼 사회 노트 필기의 장점부터 알아봅시다.

1 4학년, 사회 노트 필기 습관을 길러야 해요!

4학년은 공부 습관을 들이는 가장 중요한 시기예요. 과목 수는 3학년 때와 거의 같은데 내용은 좀 더 복잡하고 어려워지기 때문에 특히 필기 습관을 들이지 않으면 점점 더 사회 과목과 멀어지지요. 어렵고 복잡하면 누구나 공부하기가 싫어지니까요.

게다가 요즘에는 학교 수업 시간에 거의 대부분 필기를 하지 않기 때문에 집에서 시간을 정해 노트 정리를 해야 합니다. 정해진 시간에 정해진 공부를 하는 것이 자기주도적 학습 습관을 기르는 데도 매우 큰 도움이 된답니다.

 ## 4학년 사회 노트 필기의 좋은 점

1 많은 내용을 한눈에 알아볼 수 있어요.

2 노트 필기를 하면서 교과서를 다시 한 번 보게 되니 내용 이해가 더욱 쉬워져요.

3 내용을 요약하고 체계적으로 정리하는 습관을 기를 수 있어요.

4 새로운 용어와 개념을 정확히 말하고 쓸 수 있어요.

5 사회 시험공부를 할 때 좀 더 쉽고 빠르게 그 내용을 암기할 수 있어요.

2 4학년 사회 노트 필기의 핵심을 알아야 해요!

노트 필기의 기본 원칙은 교과서 내용을 있는 그대로 요약하고 정리하는 거예요. 1학기 때 이미 이 부분에 중점을 두어 노트 필기를 했다면 이제 좀 더 체계적인 정리에 신경을 써 봅니다.

내용을 정리할 때는 학습목표와 학습 제재를 중심으로 하는 것이 좋습니다. 학습활동 위주로 되어 있는 제재 학습 중심으로 관련된 내용을 묶어서 정리해 두는 것이 좋지요.

 ### 4학년 사회 노트 필기의 핵심

1 학습목표를 알고 순서대로 정리해요.

2 제재 도입 글에서 해당 소단원의 전체 내용과 중심 제재들을 파악해요.

3 교과서 본문에서 중심 제재들과 관련된 내용을 찾아 중요한 것 순서로 요약, 정리해요.

4 지도, 도표, 그래프 등을 풍부하게 활용해요.

5 지도, 도표, 그래프를 어떻게 읽고 해석하는지 반드시 적어 두어요.

3 4학년을 위한 초간단 노트 필기법이 있어요!

⓪ 준비물 갖추기

노트 필기를 하려면 노트와 필기도구가 필요해요. 어떤 준비물이 있어야 하는지 다음을 참고하세요.

🌱 사회 노트

4학년부터는 전보다 줄 사이의 간격도 좁고, 매수도 많은 노트를 씁니다. 그래프나 도표를 그리게 되는 경우가 많기 때문입니다. 25줄, 32매 내외가 적당해요. 너무 얇아서 뒷장이 훤히 비치는 노트는 적합하지 않아요.

🌱 필기도구 – 연필, 지우개, 빨간색 펜, 자

연필, 지우개, 두세 가지 다른 색깔의 펜, 형광펜 등을 준비합니다. 20cm 이하의 투명한 직사각형 자도 준비해야 합니다. 표를 그릴 때 칸을 정확히 나눠야 하기 때문에 모눈종이처럼 눈금이 표시되어 있으면 더욱 실용적이지요.

🌱 사회 교과서

노트 필기는 교과서 내용을 원칙으로 하기 때문에 교과서가 있어야 합니다. 만약 선생님이 필기를 해 준다면 그 내용을 그대로 베껴 쓰면 되고, 그렇지 않다면 수업 시간에 공부한 내용을 교과서에 표시해 두었다가 노트에 정리해요.

🌱 전과나 백과사전

노트 필기를 하다가 내용이 부족하거나 이해하기 어려운 부분이 나오거나 교과서 문제의 답을 확실히 모른다면 꼭 전과나 백과사전을 참고하여 정확히 정리해 둡니다.

1 제목 쓰기

자, 이제 본격적으로 노트 정리를 해 볼까요? 가장 먼저 제목을 써야 합니다.

4학년 2학기 사회 교과서를 보면 3개의 대단원이 있고, 각각의 단원에 4~5개의 제재가 속해 있습니다. 대단원 제목과 제재 제목은 다음과 같이 적어 봅니다.

❶ 대단원 제목 쓰기

대단원 번호는 로마자(Ⅰ, Ⅱ, Ⅲ, …)로 적어 봅니다. 제목은 큼직하게 쓰고, 사인펜이나 형광펜으로 뚜렷하게 꾸며 주세요. 그리고 교과서에 나온 표를 참고로 대단원과 제재의 관계를 그려 봅니다.

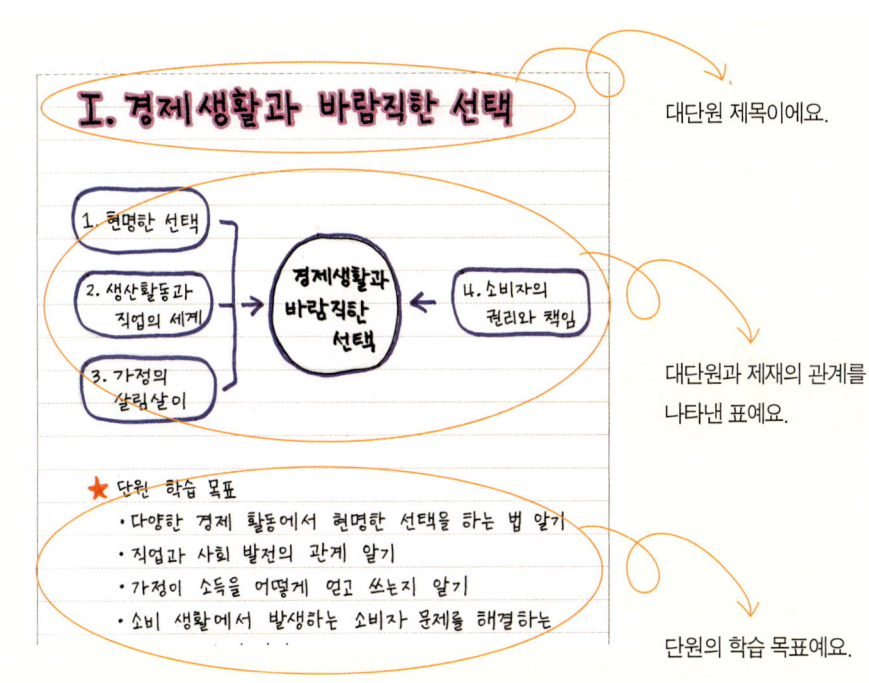

대단원 제목이에요.

대단원과 제재의 관계를 나타낸 표예요.

단원의 학습 목표예요.

❷ 제재 제목 쓰기

제재 제목과 본문 내용은 적절히 띄어 씁니다. 그래야 답답하지 않고 깔끔하여 한눈에 쉽게 알아볼 수 있습니다. 제재 번호(1, 2, 3, …)와 제목은 두 칸에 큼직하게 씁니다.

❶ 1. 현명한 선택

    (1) 경제 활동과 선택 ✗

        ① 경제 활동 : 생활에 필요한 여러 가지 것들을 만들고,

                이것들을 사고 팔거나 사용하는 것과

                관련된 모든 일들

        ② 경제 활동을 하면서 선택의 문제에 부딪힘.

        ③ 경제 활동을 할 때 현명한 선택을 하는 것이 중요

    ❷ (2) 경제 활동을 하면서 겪는 선택의 문제 ✗✗

        ① 어떤 것을 사야 할지 말아야 할지 선택

        ② 여러 상품 중에 어느 것을 골라야 할지 고민

  ❸   예 • 책을 살까, 저축을 할까?

           • 게임기랑 로봇 중에 어떤 것을 고를까?

           • 과자를 얼마만큼 살까?

    (3) 농부 아저씨가 겪는 선택의 문제 ✗✗

        ① 무엇을 생산할 것인가?

❶ 제재 제목은 1cm 정도 띄어 씁니다.

❷ 각 단락의 소제목은 2cm 정도 띄어 씁니다.

❸ 본문 내용은 3cm 정도 띄어 씁니다.

2 교과서 내용 정리하기

제목을 썼으면 그 아래 교과서 내용을 정리해야 해요. 여기에는 크게 두 가지 방법이 있어요. 기본적이고 중요한 것부터 순서대로 번호를 붙여 정리하는 방법과 표로 정리하는 방법입니다.

❶ 번호를 붙여 정리하기

먼저 제재 도입 글에서 어떤 내용을 공부하는지 알아봅니다. 그 다음 활동 문제를 참고하여 학습 내용을 구체적인 질문으로 바꿔 각 내용을 포괄하는 핵심 어휘를 소제목으로 써요. 마지막으로 소제목을 설명하고 뒷받침하는 내용을 번호를 붙여 차례대로 간단히 정리해요.

①
(6) 현명한 선택 ✿✿✿
　①현명한 선택을 해야 하는 까닭 ✿✿
②
　└ 한정된 자원과 돈을 알뜰하게 사용하기 위해
　└ 잘못된 선택을 하면 자원과 돈을 낭비하므로
　②현명한 선택을 위해 생각할 점(선택 기준)
　• 나에게 꼭 필요한 것인지 따져 보아야 함.
　• 그 물건을 사용했을 때 얻게 되는 즐거움이나 편리함을 따져 보아야 함.
③
　• 가격이 적당한지 따져 보아야 함.
　• 디자인과 품질을 따져 보아야 함.
　• 그 물건의 선택이 사회에 어떤 영향을 미치는지 따져 보아야 함.
　• 그 물건이 환경을 오염시키지는 않을지 따져 보아야 함.

❶ 문단의 핵심 어휘를 찾아 제목으로 써요.

❷ 제목 아래 그와 관련된 내용을 간단하게 정리해요. 개념, 이유, 좋은 점, 문제점, 방법, 예시 등이 있어요. 각각의 내용은 순서대로 번호(①, ②, ③, …)를 붙여요.

❸ 보충 설명을 덧붙여야 하면 색깔펜으로 여백에 써요.

❷ 표로 정리하기

어떤 기준에 따라 내용을 비교하거나 대조하는 경우에는 표로 정리해요. 장점과 단점을 비교하거나 옛날과 오늘날의 변화된 모습을 비교하거나 지역 및 나라 간에 특성을 비교하는 등의 내용이 있습니다.

비교해서 정리해 두면 헷갈리는 내용을 정확히 구분하여 암기할 수 있답니다.

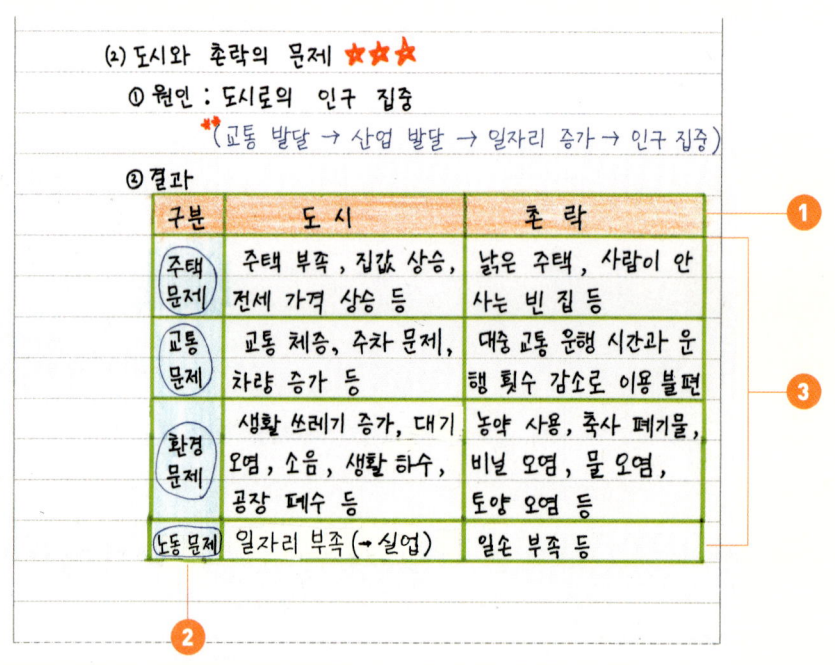

(2) 도시와 촌락의 문제 ★★★
① 원인 : 도시로의 인구 집중
　　　(교통 발달 → 산업 발달 → 일자리 증가 → 인구 집중)
② 결과

구분	도시	촌락
주택 문제	주택 부족, 집값 상승, 전세 가격 상승 등	낡은 주택, 사람이 안 사는 빈 집 등
교통 문제	교통 체증, 주차 문제, 차량 증가 등	대중 교통 운행 시간과 운행 횟수 감소로 이용 불편
환경 문제	생활 쓰레기 증가, 대기 오염, 소음, 생활 하수, 공장 폐수 등	농약 사용, 축사 폐기물, 비닐 오염, 물 오염, 토양 오염 등
노동 문제	일자리 부족(→ 실업)	일손 부족 등

❶ 비교 대상을 맨 위 가로 칸에 씁니다.
❷ 비교 기준을 맨 왼쪽 세로 칸에 씁니다.
❸ 비교 내용을 간단하게 정리합니다.

3 중요한 것 표시하기

수업 시간에 선생님이 강조한 내용이 있지요? 그게 바로 시험에 꼭 나오는 문제랍니다! 노트 필기를 할 때 바로 그 내용에 중요 표시를 해야 해요. 그래야 완벽하게 암기할 수 있으니까요. 중요한 부분을 표시할 때는 색깔펜이나 색연필, 형광펜 등을 씁니다.

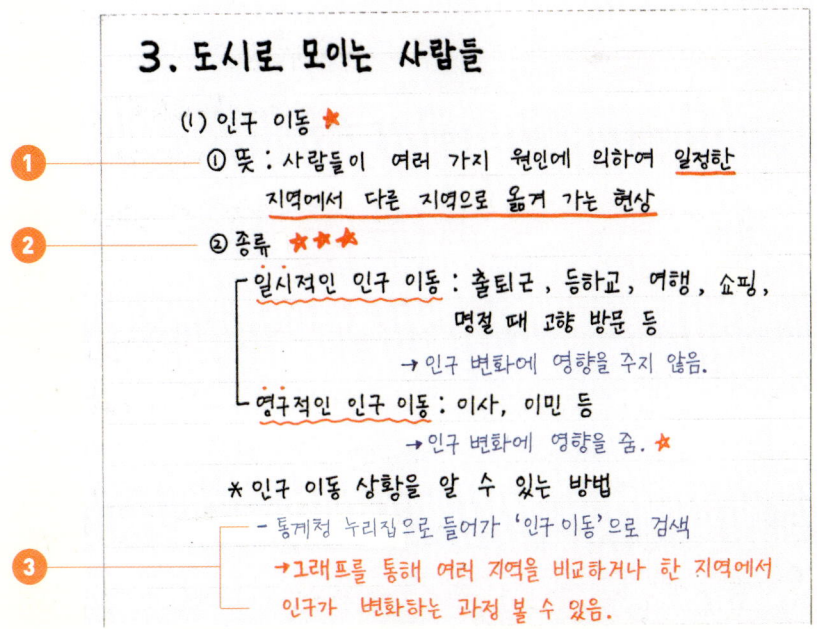

❶ 뜻풀이나 중요한 어휘에 밑줄을 그어 두면 암기할 때 효과적이에요.

❷ 중요도에 따라 별표를 해 봅니다.

❸ 서술형 문제로 나올 가능성이 매우 높은 내용은 별 3개로 표시하거나, 아예 빨간색 펜으로 적어 둡니다. 의미, 가치, 장단점, 이유, 관련성, 주요 사례에 관한 내용은 중요하므로 반드시 뚜렷하게 표시도 하고 외워도 봅니다.

4 막대그래프 그리기

그래프란 통계표에 기록된 수치를 막대, 직선, 곡선 등으로 나타낸 표입니다. 그래프를 통해 조사된 것의 많고 적음이나 변화하는 모습을 한눈에 알 수 있습니다. 이 중 막대그래프는 항목의 크기를 비교할 때 사용됩니다.

❶ 가로선과 세로선을 그은 뒤 가로축에는 보통 비교 대상이 되는 항목들을 같은 너비로 적어요.

❷ 세로축에 같은 간격으로 일정하게 눈금을 표시한 뒤 수를 써요.

❸ 마지막으로 각 항목에 해당하는 수를 막대로 표시한 뒤 해석한 내용도 덧붙여요.

★ 꼭 주의해요!

그래프를 분석할 때는 가장 수가 적은 항목과 많은 항목을 찾아보고, 그 이유도 생각해 봅니다.

5 꺾은선그래프 그리기

꺾은선그래프는 어떤 항목의 수치가 연도나 월별로 변화되는 모습을 알아볼 때 유용합니다. 예를 들어 연도별 출생아 수의 변화나, 일일 시청률 변화 등을 표시할 수 있습니다.

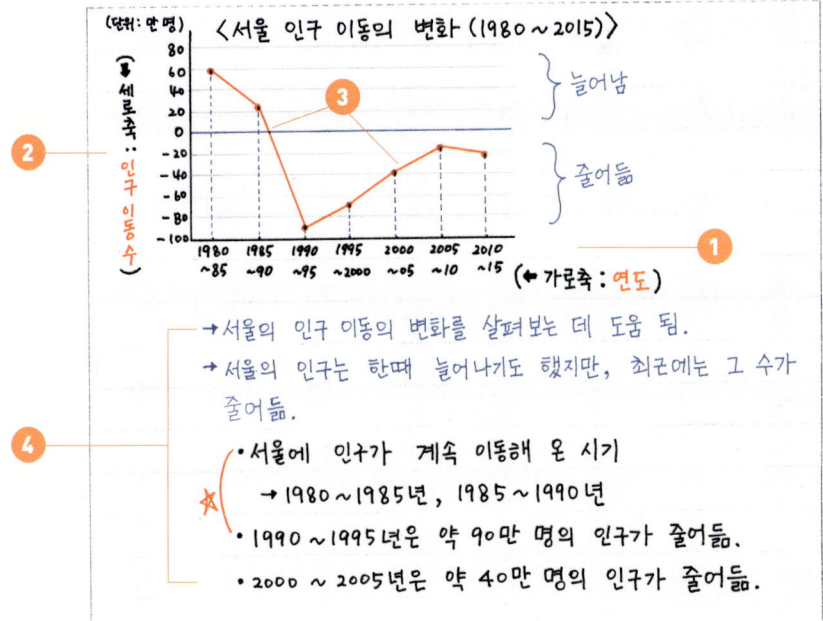

1 세로선과 가로선을 그은 뒤 가로축에는 연도나 월 등을 일정한 간격으로 적어요.
2 세로축에는 같은 간격으로 눈금을 표시한 뒤 수를 적어요.
3 마지막으로 각 연도 및 월에 해당하는 수에 점을 찍은 다음 선으로 연결해요.
4 그래프를 분석하고 해석한 내용을 덧붙여요.

6 도표로 정리하기

도표란 내용을 단순화시켜 그림으로 나타낸 표입니다. 복잡한 내용을 단순하게 표현하여 쉽게 이해할 수 있도록 해 주지요. 특히 두 가지 이상 항목 사이의 관계를 나타내거나, 순서 및 절차를 표현할 때, 어떤 일의 인과관계를 나타낼 때 유용해요.

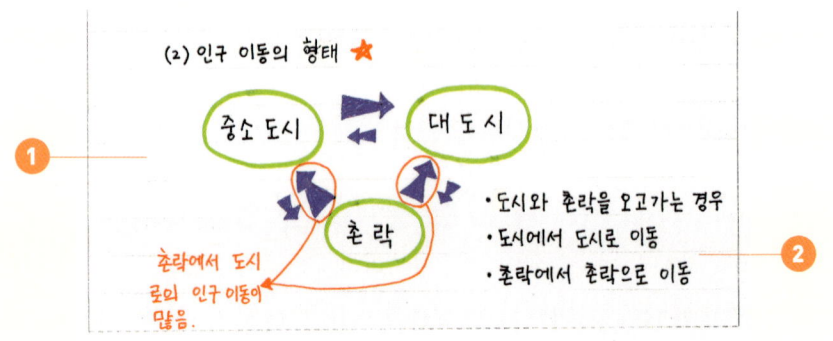

❶ 각 항목 사이의 양적 관계는 화살표의 크기로 표시해요. 화살표가 큰 것이 작은 것에 비해 많은 양이 이동했다는 것을 뜻해요.

❷ 빈 공간에 도표를 설명하는 간단한 글을 덧붙여요.

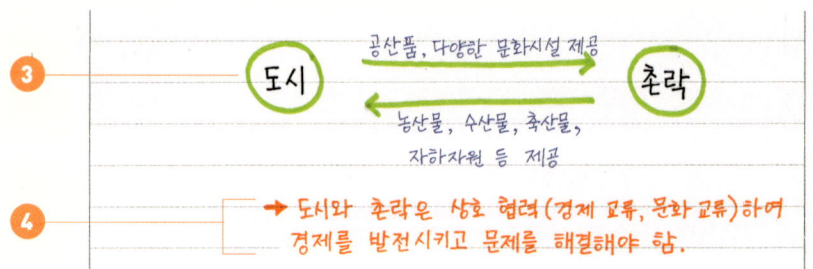

❸ 두 항목 사이의 질적 관계를 나타낼 때는 어떤 내용이 오고가는지 적어요. 이때 화살표 방향에 주의해야 해요.

❹ 도표가 무엇을 나타내는지, 그 내용이 어떤 의미가 있는지 간단히 덧붙여요.

7 오답 노트 정리하기

문제집을 풀거나 시험을 본 후 채점을 하고 나면 틀린 문제가 있을 거예요. 시험이 끝났다고 그냥 넘겨 버리거나 한 번 쓱 보고 지나가 버리면 다음에 이 문제가 나왔을 때 또 틀릴 확률이 매우 높아요. 이를 해결할 수 있는 방법은 오답 노트를 정리해 보는 것입니다.

틀린 문제, 헷갈리는 문제, 여러 가지 지식을 활용해서 풀어야 하는 문제는 꼭 정리해 봅니다. 그러다 보면 자연스럽게 서술형 시험도 대비할 수 있어요.

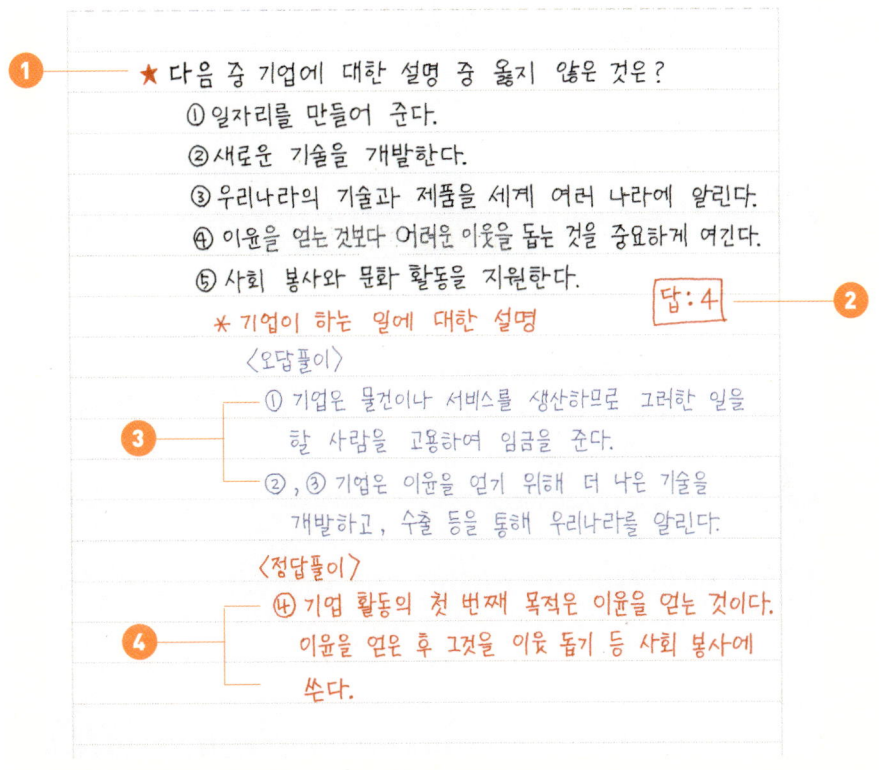

① 틀린 문제를 오려 붙이거나 노트에 똑같이 옮겨 적어요.

② 빨간색 펜으로 답을 선명하게 적거나 표시해요.

③ 오답풀이에 왜 답이 아닌지 적어요.

④ 정답풀이에 왜 답인지 적어요.

2장

사회 만점을 위한 가장 좋은 공부법

사회 공부를 하는 가장 확실한 방법은 교과서와 노트를 달달 외우는 거예요.

문제를 많이 푼다고 잘 볼 거라고 기대한다면 결국 실망만 할지 몰라요. 정확

하고 꼼꼼한 암기만이 사회 시험을 잘 볼 수 있는 으뜸가는 비결이랍니다.

그렇다면 어떻게 잘 외울 수 있을까요? 교과서를 '제대로' 읽고, 노트 필기를 활용하여

외우면 돼요. 이제 그 구체적인 방법을 살펴볼 거예요. 순서를 지켜 따라 하다 보면 누구나

사회 공부를 잘할 수 있답니다.

1 사회를 공부하면 좋은 점이 많아요!

대부분의 아이들이 사회를 어려워하는 건 확실해요. 어려운 낱말도 많고 외울 것도 많기 때문이지요. 그래서 아예 사회 공부하는 걸 포기하는 친구들도 있어요. 그런데 어려운 만큼 사회 공부를 하면 좋은 점이 훨씬 많답니다.

 **사회 공부를 하면 좋은 점**

① 상식이 풍부해지고 아는 것이 아주 많아져요.

② 기억력, 암기력이 좋아져요.

③ 우리 사회의 여러 모습을 구체적으로 이해할 수 있어요.

④ 내가 속한 사회에 대해 알게 되므로 애향심, 애국심 등이 생겨요.

⑤ 다른 지역, 다른 나라의 문화를 이해하고 인정하는 넓은 마음이 길러져요.

⑥ 현명한 경제생활을 할 수 있어요.

⑦ 민주 시민의 자질과 세계 시민의 자질을 동시에 기를 수 있어요.

2 사회 교과서 읽는 법이 따로 있어요!

교과서를 읽을 땐 그 목적과 방법을 정확히 알고 읽어야 해요. 사회 교과서를 읽는 목적은 내용을 정확히 기억하고 이해하는 것입니다. 그러니까 조금이라도 다르게 알거나 마음대로 내용을 해석하면 안 돼요. 교과서는 적어도 2번 정도 꼼꼼히 읽습니다.

 ## 사회 교과서 읽는 법

1. 대단원의 학습 목표를 찬찬히 살펴 보아요.

2. 각 학습 목표를 어떤 제재 학습으로 달성할 수 있는지 확인해요.

3. 각 제재의 도입 글을 읽고 학습할 주요 용어와 개념을 파악해요.

4. 활동 문제들을 풀면서 내용을 구체적으로 이해해요.

5. 조사와 관련한 내용이 나오면 조사 주제, 조사 대상, 조사 내용, 조사 방법을 정확히 확인해요.

6. 선생님이 중요하다고 한 내용이 있으면 읽으면서 바로 외워요.

7. 그래프와 도표 등은 분석하고 해석하며 읽어요.

3 세 가지 방법으로 노트를 암기해요!

교과서를 꼼꼼하게 읽은 다음에는 노트 필기를 공부할 차례입니다. 노트 필기를 암기할 때는 다음의 세 가지 방법을 순서대로 적용하여 봅니다.

 ## 세 가지 노트 암기 비법

1 머릿속으로 찬찬히 떠올려 보는 **눈으로 외우기**

노트에 필기된 내용을 소리 내지 않고 눈으로만 찬찬히 읽어 내려가면서 먼저 내용부터 파악합니다. 머릿속으로 전체적인 내용을 떠올릴 수 있어야 세세하고 구체적인 내용까지 쉽게 암기할 수 있기 때문입니다.

2 반복과 각인의 힘, **입으로 외우기**

암기를 할 때 입으로 소리를 내면 잘 외워집니다. 먼저 노트 필기 내용을 보면서 소리 내어 따라 읽어 봅니다. 몇 번을 따라 읽은 다음 노트를 덮고 보지 않은 채 내용을 반복하여 되뇌어 봅니다. 소리 내어 외우면 내용을 눈으로도 보고 귀로도 듣기 때문에 뇌에 더욱 확실히 각인되는 효과가 있습니다.

3 서술형의 확실한 대비법, **손으로 외우기**

암기하는 가장 확실한 방법 중의 하나는 내용을 두세 번 손으로 써 보는 것입니다. 손으로 쓰면서 외우는 것이 중요한 까닭은 정확하게 암기하기 위해서예요. 직접 손으로 써 보아야 정확한 표현과 낱말을 알 수 있습니다.

4 퀴즈를 내어 확실히 다져요!

다 외웠다는 판단이 서면 친구들끼리, 또는 가족들끼리 노트에 있는 내용을 바탕으로 서로 퀴즈를 내 봅니다.

3. 가정의 살림살이

(1) 가정의 살림살이와 소득 ★

① 가정의 살림살이를 꾸려 가기 위해 (소득) 필요

② 소득을 통해 가족들이 살아가는 데 필요하거나
   원하는 것을 살 수 있음.
   → 하지만 다 살 수는 없음.
   (이유) 소득이 한정되어 있기 때문 ★

③ 소득이 한정되어 있으므로 현명한 소비 생활이 중요

★ (가계부)의 사용
   → ・가정의 소득과 쓰임새를 한눈에 알 수 있음.
   ・계획적이고 합리적인 소비를 하도록 해 줌.

🔵 퀴즈

1 가정의 살림살이를 꾸려 가기 위해 필요한 것은? (소득)

2 소득을 통해 원하는 것을 다 살 수는 없는 까닭은?
   (소득이 한정되어 있기 때문)

3 소득이 한정되어 있으므로 무엇이 중요할까?
   (현명한 소비 생활이 중요)

5 시험 전날은 이렇게 해요!

평소 사회 공부를 꾸준히 한 아이들도 시험 전날에는 다시 한 번 교과서도 보고 노트 필기도 보면서 최종 마무리를 합니다. 이날은 우선 마음을 편안하게 하고 지나치게 오랫동안 공부하지는 않습니다. 시험 날 컨디션이 좋아야 하기 때문에 무리하게 공부를 했다가는 오히려 역효과만 날 수 있습니다.

 시험 전날 공부법

1 시험 범위에 해당하는 교과서 내용을 천천히 읽습니다.

2 교과서를 읽으면서 활동 문제와 단원 문제 등을 다시 한 번 풀어 봅니다. 답은 연습장이나 노트에 정확하게 적어 보는 것이 좋습니다.

3 교과서를 읽으면서 지도, 그림, 통계표, 도표 등을 자세히 보고 분석해 봅니다.

4 시간이 남으면 1시간 정도 문제집을 풀어 유형을 익혀 봅니다.

5 틀린 문제를 꼼꼼히 확인하고 시험공부를 마칩니다.

6 시험지 복습으로 다음 시험을 대비해요!

시험이 끝났다고 모두 끝난 걸까요? 시험이 끝나면 사실 시험 범위에 해당하는 내용들은 다시 보고 싶지 않아요. 그런데 이런 마음을 누르고 다시 확인하는 시험지 복습을 해야 합니다. 특히 단원평가와 형성평가 시험을 본 뒤는 반드시 복습을 하고 틀린 문제를 꼭 확인해야 합니다.

 시험지 복습법

① 시험지, 교과서, 노트를 모두 준비해요.

② 시험지의 틀린 문제, 맞았지만 약간 헷갈리는 문제와 관련된 내용을 교과서와 노트에서 찾아보아요.

③ 교과서와 노트를 통해 정확히 무엇 때문에 틀렸는지 확인해요.

④ 틀린 이유에 대해 생각해 보아요.

⑤ 정답을 다시 한 번 확인하고 오답 노트에 정리해요.

사회 교과서 완전정복
만점 노트 필기

4학년 2학기 사회는 경제생활과 여러 지역의 생활, 그리고 현대 사회의 생활 모습과 다양성에 관해 나와 있어요. 이를 통해 소득을 얻는 방법은 무엇인지, 어떻게 소비 생활을 해야 하는지, 촌락과 도시의 생활 모습은 어떻게 다르고 각각 어떤 문제가 있는지, 사회가 어떻게 변했으며 가족의 모습은 또 어떻게 달라졌는지, 여가 생활을 보내는 방법은 무엇인지, 소수자의 권리를 보장하기 위해 어떤 노력을 해야 하는지 등에 대해 알 수 있어요.

이제 여기 정리된 노트 필기를 보면서 내용을 하나씩 정리해 보세요.

4학년 2학기 사회 공부에 도움 되는 책

사회 공부를 하다 보면 낯선 용어, 개념이 잘 잡히지 않는 지식들이 많이 나와요. 그런데 평소 관련 도서를 읽어 사회 배경지식을 쌓아 두면 문제없을 거예요.

- <부자 나라의 부자 아이, 가난한 나라의 가난한 아이> (장수하늘소 지음 / 아이세움) : 경제는 그리 어려운 분야가 아니에요. 우리 생활의 많은 부분이 사실은 경제활동이지요. 이 책에는 경제 문제와 경제 상식 등이 30가지 이야기 속에 쉽고 친근하게 담겨 있어요. 1단원 공부에 도움이 될 거예요.

- <10살에 꼭 만나야 할 100명의 직업인> (한선정 지음 / 조선북스) : 이 세상에는 정말 많은 직업이 있습니다. 직업을 통해 소득도 얻고 자기 계발도 할 수 있어요. 1단원 공부에 도움이 될 거예요.

- <호기심 지리탐험 – 북적북적 도시 조용한 촌락> (정우진 지음 / 천재교육사) : 도시와 촌락의 생활 모습은 참 달라요. 촌락은 자연환경의 영향을 많이 받고 도시는 인문환경의 영향을 많이 받지요. 2단원 공부에 도움이 될 거예요.

- <가까울수록 존중해야지> (로라 자페 외 지음 / 푸른숲) : 가족의 형성 과정, 형태, 가족 구성원의 역할 등 가족에 대해 여러 가지 사항들을 자세히 알 수 있는 책입니다. 3단원 공부에 도움이 될 거예요.

- <너와 나는 정말 다를까> (로라 자페 외 지음 / 푸른숲) : 사회의 다양성과 소수자의 권리에 대해 진심으로 공감하기 위해서는 나와 상대방이 어떻게 다른지 이해해야 합니다. 차이를 이해하는 사회 분위기가 형성이 된다면 소수자의 권리도 자연스럽게 존중될 거예요. 3단원 공부에 도움이 될 거예요.

Ⅰ. 경제생활과 바람직한 선택

1. 현명한 선택

2. 생산활동과 직업의 세계

3. 가정의 살림살이

경제생활과 바람직한 선택

4. 소비자의 권리와 책임

★ 단원 학습 목표
- 다양한 경제 활동에서 현명한 선택을 하는 법 알기
- 직업과 사회 발전의 관계 알기
- 가정이 소득을 어떻게 얻고 쓰는지 알기
- 소비 생활에서 발생하는 소비자 문제를 해결하는 과정과 방법 알기

1. 현명한 선택

p.8 (1) 경제 활동과 선택 ★

　　① 경제 활동 : 생활에 필요한 여러 가지 것들을 만들고,
　　　　　　　　이것들을 사고 팔거나 사용하는 것과
　　　　　　　　관련된 모든 일들

　　② 경제 활동을 하면서 선택의 문제에 부딪힘.

　　③ 경제 활동을 할 때 현명한 선택을 하는 것이 중요

p.9 (2) 경제 활동을 하면서 겪는 선택의 문제 ★★

　　① 어떤 것을 사야 할지 말아야 할지 선택

　　② 여러 상품 중에 어느 것을 골라야 할지 고민

　　예 • 책을 살까, 저축을 할까?

　　　 • 게임기랑 로봇 중에 어떤 것을 고를까?

　　　 • 과자를 얼마만큼 살까?

p.10 (3) 농부 아저씨가 겪는 선택의 문제 ★★

　　① 무엇을 생산할 것인가?

　　　↳ 땅이 부족하니 오이, 호박, 고추 중에 무엇을 심을까?

　　② 얼마나 생산할 것인가?

　　　↳ 많이 생산했는데 안 팔리면 손해야. 그럼 얼마나?

　　③ 어떻게 생산할 것인가?

　　　↳ 기계를 사서 농사를 짓는 것이 좋을까, 어쩔까?

(4) 사장이 겪는 선택의 문제 ★

① 직원들의 월급은 얼마나 줄까?

② 새로운 기계를 몇 대 사야 할까?

③ 올해는 사원을 몇 명 뽑을까?

④ 회사의 제품을 어떻게 알릴까? 광고를 할까?

⑤ 신상품 개발에 얼마나 돈을 쓸까?

⑥ 물건을 얼마나 만들어야 할까?

(5) 선택의 문제가 생기는 까닭 ★★★

① 선택의 문제가 생기지 않는 경우 ← '풍부해' 나라

┌ 자원이 풍부하여 원하는 것들이 충분히 생산될 때
└ 돈이 많아 원하는 것들을 모두 살 수 있을 때

➡ 현실에서는 거의 불가능함. 왜냐하면 현실에서는
자원과 돈이 부족하기 때문.

② 선택의 문제가 생기는 까닭 ★★★

사람들이 필요로 하거나 원하는 것은 많은데,
그것들을 얻는 데 필요한 자원과 돈이 부족하거나
한정되어 있어서

사람들이 원하는 것, 필요로 하는 것 > 자원, 돈

p.12 (6) 현명한 선택 ☆☆☆

① 현명한 선택을 해야 하는 까닭 ☆☆

├ 한정된 자원과 돈을 알뜰하게 사용하기 위해

└ 잘못된 선택을 하면 자원과 돈을 낭비하므로

② 현명한 선택을 위해 생각할 점 (선택 기준)

• 나에게 꼭 필요한 것인지 따져 보아야 함. ①

• 그 물건을 사용했을 때 얻게 되는 즐거움이나 편리함을 따져 보아야 함. ②

• 가격이 적당한지 따져 보아야 함. ③

• 디자인과 품질을 따져 보아야 함. ④

• 그 물건의 선택이 사회에 어떤 영향을 미치는지 따져 보아야 함. ⑤

• 그 물건이 환경을 오염시키지는 않을지 따져 보아야 함. ⑥

p.13 ＊ 현명한 선택을 위한 컴퓨터 평가표

선택기준 \ 회사	□ 회사	△ 회사	○ 회사
가격	보통	쌈	가장 비쌈
성능	우수	보통	매우 우수
디자인	보통	좋음	나쁨
무료 수리 기간	1년	3개월	2년

→ • 현명한 선택을 위해 여러 제품의 장단점 비교

☆☆ • 여러 선택 기준 중 더 중요한 것 고려

☆ • 사람마다 중요하게 생각하는 선택 기준 다름.

p.8~9 (7) 현명한 선택을 위한 5단계 ★★

① 1단계 : 필요한 것 확인하기

② 2단계 : 정보 모으기

③ 3단계 : 선택 기준 만들기 ★★★

→ 품질, 디자인, 가격을 기준으로 여러 제품의
장단점을 비교하는 평가표 만들기

④ 4단계 : 선택의 결과 평가해 보기

→ 어떤 물건을 선택했을 때 일어날 결과
예상하기 (만족감의 크기)

⑤ 5단계 : 결정하기

→ 중요하게 생각하는 선택 기준 적용하기

p.8 ＊ 현명한 선택을 위한 두 가지 조건 ★★★

① 올바른 선택 기준 세우기

② 선택하고자 하는 것들이 기준에 잘 맞는지
꼼꼼하게 살펴보기

p.15 ＊ 어떤 제품을 선택할까? ☆

기준 제품	가격	양	특징
Ⓐ	800원	200ml	사과즙 10%
Ⓑ	1300원	180ml	사과즙 40% 당근즙 50%
Ⓒ	1500원	180ml	사과즙 100%

• 싸고 양이 많은 걸 원하면?
→ Ⓐ

• 건강을 제일 중요하게 생각하면?
→ Ⓒ

• 건강도 생각하면서 여러 맛을
느끼고 싶으면? → Ⓑ

1. 현명한 선택

1. 생활에 필요한 여러 가지 것들을 만들어 내고, 이것을 사고팔거나, 사용하는 것과 관련된 모든 활동을 경제 활동이라고 한다.

2. 경제 활동을 하면서 겪게 되는 선택의 문제에는, 물건을 살지 말지에 대한 문제, 여러 물건 중에서 어떤 물건을 고를지에 대한 문제가 있다.

3. 선택의 문제가 일어나는 까닭은 사람들이 원하거나 필요한 것은 끝이 없는데 자원과 돈은 한정되어 있기 때문이다.

4. 현명한 선택을 하기 위해서는 나에게 꼭 필요한 물건인지 생각해 보고, 알맞은 선택 기준을 세워 꼼꼼히 평가해 보고, 물건을 사용함으로써 얻게 될 즐거움이나 편리함도 미리 따져 보고, 환경 문제 등 사회에 어떤 영향을 미치는지 생각해 보아야한다.

5. 물건을 사거나 만들 때 현명한 선택을 해야 하는 까닭은 한정된 자원과 돈을 알뜰하게 사용하기 위해서이다.

6. 선택 기준에는 가격, 품질 및 성능, 디자인, 사후 서비스, 환경 문제 등이 포함된다.

7. 경제 활동을 하면서 잘못된 선택을 하면 자원과 돈을 낭비하게 된다.

2. 생산 활동과 직업의 세계

p.16 **(1) 생산 활동 ★**

　① 사람들에게 필요한 것을 자연에서 얻는 활동

★② 생활에 필요한 것을 만드는 활동

　③ 생활을 편리하게 도와주는 활동

　④ 생산 활동을 담당하는 대표적인 곳 : 기업

　　★기업 : 사회에 필요한 물건이나 서비스를
　　　　　　생산하여 이윤을 얻는 조직

p.17
~18 **(2) 직업의 세계 ★★**

　① 직업 : 가족이나 개인의 생활을 위하여 일정 기간
　　　　　계속 일을 하여 소득을 얻거나 사회 발전에
　　　　　기여하는 활동

　② 사람들은 직업을 가지고 생산 활동에 참여함.

　③ 직업의 분류 ★★★

　　→ 생산 활동의 성격에 따라 산업별로 구분

생산 활동의 성격	산업
자연에서 직접 생산물을 얻는 활동	농업, 임업, 어업
자연에서 얻은 것을 이용하여 생활에 필요한 것을 만드는 활동	제조업, 건설업
사람들을 편리하고 즐겁게 해 주는 활동	서비스업

* 상품이나 물건과 관련 있는 여러 가지 직업 ⭐

상품, 물건	농업, 어업, 임업	제조업, 건설업	서비스업
사과	농부	음료수를 만드는 사람	과일 판매원
꽁치 통조림	어부	알루미늄 캔을 만드는 사람	식품점의 종업원
연필	벌목꾼, 광부	필기구를 만드는 사람	문방구 주인

p.20 ~21
* 영화를 만들기 위해 필요한 직업

→ 시나리오 작가, 영화감독, 영화 제작자,
세트 디자이너, 조명감독, 촬영감독, 분장사,
편집기사, 스턴트맨, 포스터 사진작가,
영화 음악 감독 등

p.19 ~20
(3) 직업의 변화 ⭐⭐
p.22 ~23
① 사회 변화와 과학 기술의 발달로 직업이 다양해짐.
② 예전 직업 : 얼음 장수, 보부상, 지게꾼, 버스 안내원,
훈장, 광대, 영화 간판 그리는 사람 등

*직업이 사라지는 까닭 : 생활이 편리해지고 기술이
발달하면서 생산 방법이 바뀌거나 생산하는
물건이 달라졌기 때문
③ 새로 생긴 직업 : 프로게이머, 컴퓨터 프로그래머 등

④ 미래의 직업 : 사회 변화에 따라 직업도 변화
  • 환경을 중시하는 사회 → 환경 관련 직업
  • 고령화 사회 → 실버 산업과 관련된 직업
  • 정보화 사회 → 직장에 출근하지 않고 집에서 일
                 하는 직업 (재택근무)
  • 지구촌 사회 → 세계 여러 나라 사람들과 함께
                 일하는 직업

앞으로 뜨는 분야	직업
사회 복지 분야	사회 복지사, 놀이 치료사, 요양 관리사 등
우주 항공 분야	우주인, 컴퓨터 설계 전문가, 위성 통신 기술자 등
국제 업무 분야	동시 통역사, 국제 변호사, 국제 금융 상담가 등
환경 관련 분야	폐기물 처리사, 동물 생태학자, 환경 평가사 등
정보 관련 분야	컴퓨터 보안 관리자, 컴퓨터 백신 프로그램 개발자 등
기타	화폐 감별사 등

✳ 산업과 직업 ┌ 농업 · 어업 · 임업 : 어부, 농부 등
            ├ 제조업 · 건설업 : 건축가, 기능인 등
            └ 서비스업 : 미용사, 은행원, 판매원 등

p.21 (4) 기업의 운영 ⭐

    ① ⬭기업가⬭ : 자신의 능력과 관심을 살려 회사를 세우고,

        새로운 물건이나 기술을 개발하여 이윤을

        얻는 사람

    ＊ 훌륭한 기업가 → 정직하게 기업을 경영하여

        사회에 공헌하는 기업가

    ② 기업가는 사업 계획서를 만들어 회사 운영 시작

        ↳ [포함 내용] 회사 이름, 회사 대표,

        만들 상품, 회사 상징 마크, 사훈,

        회사 설립 이유, 상품의 특징,

        주요 고객, 앞으로의 계획 등

p.23
p.25
(5) 기업이 하는 일 ⭐⭐⭐

    ① 이윤 창출 ← • 물건을 만들 때 들어가는 비용 줄이기

        ⭐ • 사람들에게 필요한 좋은 상품 만들기

        • 회사를 알리는 ⬭광고⬭와 질 좋은 서비스하기

            └ 물건을 더 많이 팔기 위해 함.

              제품의 특징이 잘 드러남.

    ② 일자리 만들어 주기

    ③ 새로운 기술 개발하기

    ④ 우리나라의 기술과 제품을 세계 여러 나라에

        알리기

    ⑤ 사회봉사와 문화·예술 활동을 지원하기

    ⑥ 환경 보호 활동하기

p.19

✱ 직업 통계 도표 분석 및 해석하기 ★★

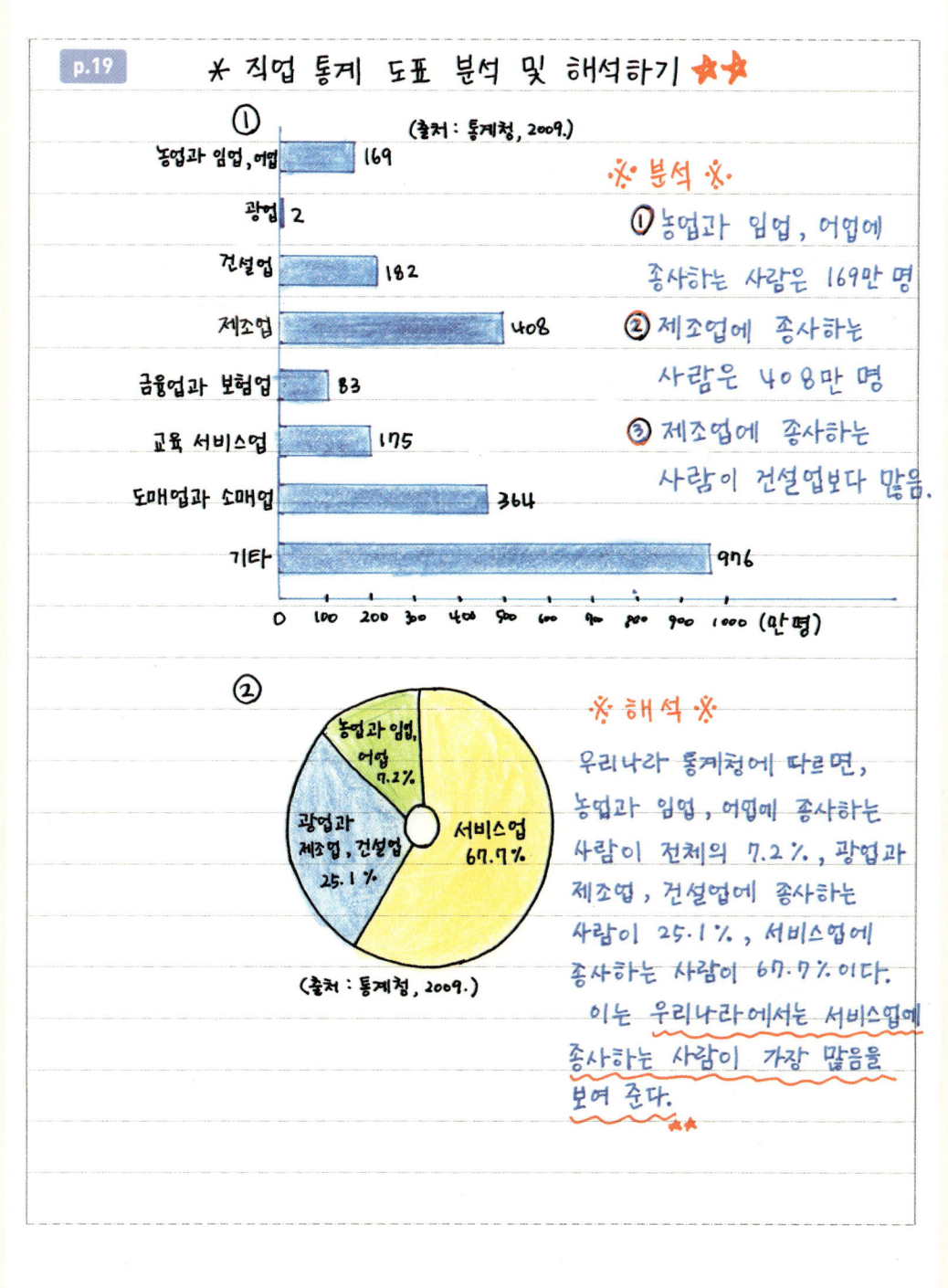

① (출처 : 통계청, 2009.)

직업	인원
농업과 임업, 어업	169
광업	2
건설업	182
제조업	408
금융업과 보험업	83
교육 서비스업	175
도매업과 소매업	364
기타	976

0 100 200 30 400 500 600 700 800 900 1000 (만 명)

❀ 분석 ❀

① 농업과 임업, 어업에
   종사하는 사람은 169만 명

② 제조업에 종사하는
   사람은 408만 명

③ 제조업에 종사하는
   사람이 건설업보다 많음.

②

- 농업과 임업, 어업 7.2%
- 광업과 제조업, 건설업 25.1%
- 서비스업 67.7%

(출처 : 통계청, 2009.)

❀ 해석 ❀

우리나라 통계청에 따르면,
농업과 임업, 어업에 종사하는
사람이 전체의 7.2%, 광업과
제조업, 건설업에 종사하는
사람이 25.1%, 서비스업에
종사하는 사람이 67.7%이다.
이는 우리나라에서는 서비스업에
종사하는 사람이 가장 많음을
보여 준다. ★★

2. 생산 활동과 직업의 세계

1. 직업이란, 일정 기간 계속 일을 하여 소득을 얻거나 사회 발전에 기여하는 활동을 말한다.

2. 직업을 생산 활동의 성격에 따라 산업별로 분류하면 ① 농업 및 임업, 어업, ② 제조업, 건설업 ③ 서비스업으로 분류할 수 있다.

3. 생활이 편리해지고 기술이 발달하면서 생산 방법이 바뀌거나 생산하는 물건이 달라졌기 때문에 직업이 달라진다.

4. 옛날에는 농업, 어업, 임업과 관련된 직업이 많았는데, 오늘날에는 제조업과 서비스업 등과 관련된 직업이 많다.

5. 미래에는 사회 복지사, 폐기물 처리사, 컴퓨터 보안 관리자 등의 직업이 각광을 받을 것이다.

6. 기업은 사회에 필요한 물건이나 서비스를 생산하여 이윤을 얻는다.

7. 기업은 일자리를 만들어 주고, 새로운 기술을 개발하여, 우리나라의 기술과 제품 및 문화를 세계 여러 나라에 알리며, 사회봉사와 문화·예술 활동을 지원한다.

8. 기업은 이윤의 일부를 환경 보호 활동이나 문화예술 활동, 자원봉사 활동 등 사회에 투자하여 기업과 사회 모두가 발전할 수 있도록 노력한다.

3. 가정의 살림살이

p.26 (1) 가정의 살림살이와 소득 ★

　　　① 가정의 살림살이를 꾸려 가기 위해 (소득) 필요

　　　② 소득을 통해 가족들이 살아가는 데 필요하거나

　　　　원하는 것을 살 수 있음.

　　　　　→ 하지만 다 살 수는 없음.

　　　　　(이유) 소득이 한정되어 있기 때문 ★

p.27
~28 　③ 소득이 한정되어 있으므로 현명한 소비 생활이 중요

　　　★ (가계부)의 사용

　　　　→ · 가정의 소득과 쓰임새를 한눈에 알 수 있음.

　　　　　· 계획적이고 합리적인 소비를 하도록 해 줌.

p.29 (2) 소득을 얻는 방법 ★★★

p.31 　① 생산 활동을 통해 얻는 소득

　　　　┌ 회사에서 (일)을 하여 월급을 받음.

　　　　├ 가게를 운영해서 돈을 벎.

　　　　├ 서비스를 제공하여 돈을 벎. (미용사, 판매원 등)

　　　　└ 농사를 짓거나 고기잡이로 얻은 생산물을 팔아 돈을 벎.

　　　② 재산을 통해 얻는 소득

　　　　┌ 은행에 (저축)하여 이자를 얻음.

　　　　├ 땅이나 건물을 타인에게 빌려 주어 세를 받음.

　　　　└ 국민연금을 받음.

p.30

(3) 가정 소득의 여러 가지 쓰임새 ★☆

p.32 ~33

쓰임새	내 용
식료품비	쌀, 채소, 과일, 음료수 등의 식료품 구입비, 외식비 등
교통·통신비	사람 및 물건의 이동, 정보의 전달과 관련된 비용 (버스비, 자동차 연료비, 택시비, 전화 요금, 인터넷 사용료 등)
광열·수도비	에너지 (전기, 가스), 수돗물 사용과 관련된 비용
주거비	집을 빌리거나 고치고 관리하는 데 들어가는 비용
교양·오락비	취미 활동 (음악 감상, 영화 관람, 독서), 여가 생활에 들어가는 비용
교육비	교육활동 (등록금, 학원비, 참고서·학용품 구입비)에 들어가는 비용
신발 및 의류비	옷, 신발 등의 구입 및 세탁 비용
가사용품비	가사 활동에 필요한 물건 (가구, 세탁기, 냉장고, 이불, 그릇) 구입비
보건·의료비	질병의 예방과 치료 (약값, 병원 진료, 안경 구입)에 들어가는 비용
저축 ☆☆	은행 예금, 보험료 등에 쓰이는 비용
기 타	위의 쓰임새에 해당하지 않는 소득의 사용

✻ 소비와 저축

- 가정의 소득 → 소비
- 저축 ┐ 이자를 받아 재산을 불림.
        └ 돈이 필요한 때를 대비하
          여 소득의 일부를 저축

• 가정의 소득이 한정되어 있으므로 저축을 늘리기
위해서는 소비를 줄여야 함. ★★

(4) 현명한 소비 생활 ★★★

① 뜻 : 돈의 씀씀이에 대한 계획을 미리 세워 돈을
알뜰하게 사용하는 것

② 중요한 이유 ┌ 살림살이를 알뜰하게 꾸릴 수 있음.
   ★★   └ 돈을 낭비하지 않고 짜임새 있게 쓸
              수 있음.

✻ 현명하지 못한 소비 생활의 예 ★★

잘못된 소비 생활	문제점
소득은 많은데 생활비는 부족, 돈을 어디에 썼는지 모름.	계획 없이 돈을 쓰는 것이 문제
무조건 아끼고 쓰지 않고, 대신 저축을 많이 함.	물건이 팔리지 않아 생산자와 판매자가 어려워짐
주로 값비싼 물건을 삼.	과소비의 문제
남이 사면 따라서 삼.	계획 없이 낭비함.

p.32

✱ 현명한 소비 생활을 위해 해야 할 일 ★★

- 돈의 씀씀이에 대한 계획을 미리 세움.
- 물건을 고르거나 살 때 미리 선택 기준을 세움.
- 앞으로의 생활을 위해 미리 저축액을 정함.
- 물건을 사용할 때 낭비하지 않음.
- 절약하는 생활 태도를 기름. (예 - 가계부를 씀.)
  ↳ 무조건적인 절약은 옳지 않음.
- 정보를 잘 활용함.

O·X 퀴즈 ① 현명한 소비 생활은 무조건 돈을 쓰지 않는 것이다. (✗)

② 현명한 소비 생활은 계획을 세워 불필요한 낭비를 줄이고 짜임새 있게 살림살이를 하는 것이다. (O)

p.33

(5) 현명한 소비 생활과 정보 ★★☆

p.37 ~38

① 현명한 소비 생활을 위해 필요한 정보
  → 제품의 가격, 성능, 디자인, A/S, 광고 등

② 정보를 활용하면 좋은 점
  ┌ 자신에게 알맞은 물건을 살 수 있음.
  ├ 더 싼 물건을 살 수 있음.
  └ 더 좋은 물건을 살 수 있음.

③ 정보를 얻는 방법
- 인터넷 검색하기 → 여러 제품의 가격을 한눈에 비교할 수 있고, 여러 소비자들의 의견을 알 수 있음.

- 직접 방문하기 → <u>판매원의 자세한 설명</u>을 들을 수 있고, 물건을 직접 꼼꼼하게 살필 수 있음.
- 광고 이용하기 → 신문, 라디오, TV, 잡지, 광고지 등에서 관련 정보 찾을 수 있음. (특히 <u>신제품</u>)
- 주변 사람들에게 듣기 → <u>미리 사용해 본 사람들에게</u> 제품의 <u>장단점을 자세하게</u> 들을 수 있음.

p.39

＊정보를 활용할 때 주의할 점 ★☆

- 어떤 정보가 필요한가?
- 어떠한 방법으로 정보를 얻을 것인가? } 에 대해서 생각!
- 얻은 정보가 믿을 만한 것인가?

손으로 외워요~
서술형 완전정복

3. 가정의 살림살이

1. 사람들은 회사에서 일을 하거나, 가게를 운영하거나, 생산물을 파는 등 생산 활동을 통해 소득을 얻는다.

2. 저축을 해서 생긴 이자나 집이나 땅을 빌려 주고 돈을 받아 소득을 얻기도 한다.

3. 가계부를 보면 우리 가정이 어떻게 소득을 얻고 어떤 곳에 얼마만큼 사용했는지 알 수 있어 계획적이고 합리적인 소비를 할 수 있다.

4. 저축을 하면 돈이 필요한때를 대비할 수 있고, 이자를 얻음으로써 재산을 불려 나갈 수도 있으며, 은행이 기업에게 돈을 빌려 줄 수도 있다.

5. 저축만 하고 돈을 잘 쓰지 않으면 물건이 팔리지 않아 생산자나 판매자들이 어려움을 겪으며, 일자리가 줄어들어 가정의 살림살이가 어려워질 수도 있다.

6. 현명한 소비 생활이란 돈의 쓰임에 대해 미리 계획을 세워 낭비하지 않고 쓸 곳에만 쓰는 것을 말한다.

7. 현명한 소비 생활을 위해서는 필요한 정보가 무엇인지 생각한 뒤 어떤 방법으로 그 정보를 얻을지 생각한다.

8. 정보를 얻는 방법에는 주변 사람들에게 묻기, 가게 방문, 인터넷 검색, 상품 광고지, 텔레비전 광고 등이 있다.

9. 정보를 활용하면 자신에게 알맞은 상품을 고를 수 있고, 싸면서도 품질이 좋은 물건을 살 수 있다.

4. 소비자의 권리와 책임

p.36 (1) 소비자와 소비 생활의 변화 ★

① 상품의 수와 종류가 많아져 소비자가 상품의 품질을 확인하고 선택하기 어려움.

② 어린이 소비자가 점점 늘어남.

③ 상품 구입 및 사용 시 소비자가 피해를 입기도 함.

④ 소비자가 직접 피해에 대한 보상을 요구할 수 있음.

p.38 (2) 소비자 문제 ★

① 상품 구입 및 사용 과정에서 불만족스럽거나 신체적·경제적 피해를 입음으로써 소비자 문제 발생

② 소비자 피해 사례

· 교환, 환불이 잘 안 됨.

· 상품이 불량하거나 안전에 문제가 있음.

· 상품을 정직하게 팔지 않음. (과대광고, 허위광고)

· 수리를 해 주지 않음.

p.39 (3) 소비자의 권리 ★★★
p.41

① 뜻 : 소비자가 상품을 구입하고 사용할 때 누릴 수 있는 권리 → 법으로 보장!

② 중요성 : 소비자 피해를 미리 막고 줄일 수 있음.

③ 소비자의 여러 권리 ★☆

• 소비자가 구입한 상품에서 발생하는 위험으로부터
  <u>안전하게 보호받을 권리</u> → 예 위험성 표기

• 소비자가 구입한 상품을 사용하는 도중에 발생한
  <u>피해에 대해 보상받을 권리</u> → 예 고장

• 소비자가 상품을 선택하는 데 필요한 지식과
  <u>정보를 제공받을 권리</u> → 예 성분 표시

• 소비자가 상품을 살 때 장소, 상표, 가격 등을 자유롭게
  <u>선택할 권리</u> → 예 마트에서 다양한 상품 판매

• 소비 생활에 영향을 주는 국가의 정책과 생산자의
  활동 등에 대해 자신의 <u>의견을 반영할 권리</u>
  → 예 회사에 불만 및 불편 건의

• 합리적인 소비 생활을 하는 데에 필요한
  <u>교육을 받을 권리</u>

• 소비자 스스로의 권리와 이익 향상을 위하여
  <u>단체를 조직하고 활동할 권리</u>

• 안전하고 쾌적한 소비 생활 환경에서 소비할 권리
  → 예 식당 위생 관리

(4) 소비자의 책임 ★★

    ① 상품을 안전하게 사용

    ② 상품을 구입할 때 가격과 품질 등을 꼼꼼하게 살핌.

    ③ 과소비 등 불필요한 소비를 하지 않음.

    ④ 환경 보호를 위해 녹색 소비 생활을 함.

    ＊소비자의 책임을 다해야 하는 까닭 ★★★

      → 소비자 스스로의 안전과 권익을 향상하기 위해

(5) 생산자와 판매자의 책임 ★★★

    → 상품의 품질과 안전에 대한 책임

    ① 제조물 책임법 : 모든 상품에 대한 책임을 소비자보다

    제조업체가 더 지게 하는 법

    ② 리콜 제도 : 문제가 있는 상품을 만든 생산자가 소비자에

    게 이를 알리고, 그 상품을 거두어 수리, 교환, 환불해

    주는 제도.

    ③ 유통 기한 표시제 : 상품이 안전하게 유통될 수 있는 날짜를

    표시하는 제도

    ④ 원산지 표시제 : 상품이 생산된 곳을 표시하는 제도

＊리콜 제도의 좋은 점. ★★

    ＜ 소비자 편 : 잘못된 상품으로 인한 피해 방지

       생산자 편 : 안전사고 예방으로 소비자 피해에서 오는 기업

           손해를 줄일 수 있고, 기업의 이미지가 좋아짐.

p.41 (6) 소비자 문제 해결 과정 ★★☆

① 1단계 : 상품을 구입한 상점이나 제조 회사에 보상 요구
→ 전화, 인터넷, 편지 등으로 수리, 교환, 환불 요구 (회사의 소비자 상담실에 연락)

② 2단계 : 한국소비자원이나 소비자 단체에 도움 요청

③ 3단계 : 한국소비자원의 소비자 분쟁 조정 위원회에 도움 요청 → 서로 양보하여 문제 해결할 수 있는 방안 제시

④ 4단계 : 법원에 소송하여 문제 해결
→ 단 과정이 복잡하고 시간과 노력이 많이 듦.

p.46 ＊한국소비자원에 대해 ★

• 1987년 소비자 보호법에 의해 국가에서 만든 기관

• 만든 이유 – 올바른 소비 생활과 국민 경제 발전을 위해, 소비자의 권리와 이익을 보호하고 향상시키기 위해

• 하는 일 – 소비자 문제 해결, 소비자 정보 제공, 상품 검사, 소비자 정책 연구 등

p.47 ＊소비자가 자신의 권리와 책임을 적극적으로 실천하면, 개인과 모든 소비자의 생활이 나아지고, 상품의 질이 좋아져 나라가 발전함
→ 예 녹색 소비자 운동

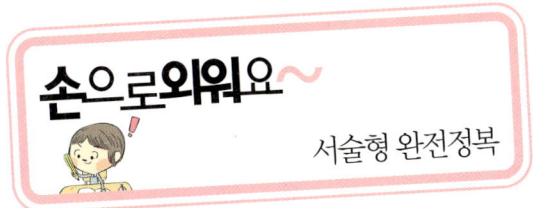
4. 소비자의 권리와 책임

1. 상품을 구입하거나 사용하는 과정에서 소비자가 누릴 수 있는 권리를 소비자 권리라고 한다.

2. 소비자 권리를 법으로 정해 놓은 까닭은, 소비자 문제를 해결하고 소비자의 권리 주장이 개인과 사회, 나라에 도움이 되기 때문이다.

3. 소비자 권리에는 피해를 보상받을 권리, 보호 받을 권리, 정보를 제공받을 권리 등이 있다.

4. 소비자 문제를 해결할 수 있는 방법에는, 상품을 구입한 가게에 교환을 요구하거나 상품을 만든 회사의 소비자상담실에 전화를 걸어 항의하는 것이다.

5. 소비자 문제가 법원까지 가지 않는 까닭은, 법원을 이용한 해결 방법은 과정이 복잡하고 시간과 노력이 많이 들기 때문이다.

6. 생산자와 판매자는 상품의 품질과 안전에 책임을 져야 한다.

7. 법과 제도를 통해 생산자에게 여러 책임을 지도록 한 까닭은, 소비자가 기본적 권리를 충분히 누리도록 하기 위해서이다.

8. 소비자 문제를 해결하려면, 먼저 상품을 구입한 상점이나 만든 회사에 보상을 요구한 다음 안 되면 한국소비자원이나 소비자단체에 도움을 청한다. 이것도 안 되면 마지막으로 한국소비자원의 소비자 분쟁 조정 위원회에 도움을 요청한다.

Ⅱ. 여러 지역의 생활

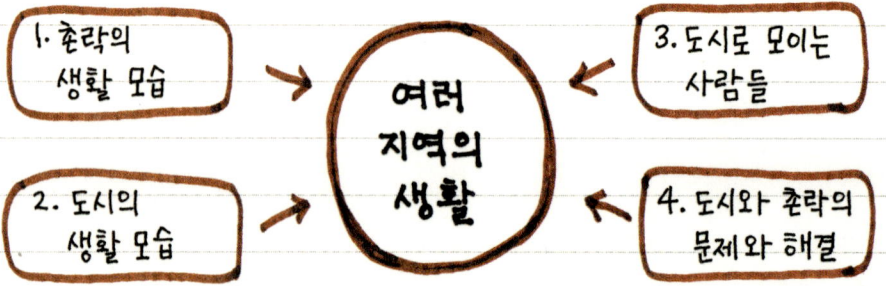

1. 촌락의 생활 모습

2. 도시의 생활 모습

여러 지역의 생활

3. 도시로 모이는 사람들

4. 도시와 촌락의 문제와 해결

★ 단원 학습 목표

• 자연환경에 따른 농촌, 어촌, 산지촌의 생활 모습 알기

• 촌락 지역과 도시 지역의 생활 모습 비교하기

• 도시의 지리적 특징과 변화 모습 살펴보기

• 도시의 인구 집중화와 여러 가지 도시 문제, 그리고 해결 방안 파악하기

1. 촌락의 생활 모습

p.52 (1) 촌락 ⭐⭐

    ① 뜻 : 시골의 작은 마을

    ② 촌락마다 자연환경이 다름.

    ③ 자연환경에 따라 생활 모습 및 생산 활동이 다름.

       → 농촌, 어촌, 산지촌으로 구분

p.54   ＊촌락의 환경과 생활 모습 조사 방법 ⭐⭐

     • 조사 대상 : 자연환경, 산업, 시설, 인구, 문화,

               촌락 간의 공통점과 차이점, 촌락의

               변화와 발전

     • 조사 방법 ┌ 사진 자료 수집하기

             ├ 어른들께 여쭈어 보기

             ├ 인터넷 활용하기

             ├ 신문이나 방송 활용하기   ⭐

             ├ 생활 경험 듣기

             └ 현장 조사하기

p.55~56 (2) 촌락의 자연환경과 산업 ⭐⭐

    ① 촌락의 환경

     - 농촌 : 평야, 넓은 논과 밭, 하천, 수로 등

                  농사 짓는 데 많은 물이 필요하므로

- ⓐ어촌⟩: 바닷가, 갯벌, 백사장, 작은 규모의 논·밭,
- ⓐ산지촌⟩: 산, 울창한 숲, 계단 형태의 논과 밭 등

② 촌락의 산업

→ 생활에 필요한 것을 자연에서 직접 생산함. ☆

	생 산 물	산 업
농촌	쌀, 콩, 사과, 소, 꽃등	농업, 목축업, 화훼 산업 등
어촌	생선, 조개, 오징어 등	어업, 양식업, 해수욕장 등
산지촌	목재, 버섯, 산나물 등	임업, 고랭지 농업, 목장 등

p.53 ✱계절에 따라 촌락의 생산 활동 모습과 생활 모습이

다른 까닭

→ 평야나 산지에서 곡식이나 채소를 재배하는 일, 바

다에서 수산물을 얻는 일은 계절의 영향을 많이 받으므로

p.57 ~58 (3) 촌락의 생활 모습 ★★

p.55 ① 여러가지 시설

⟨농촌⟩

• 물을 저장하거나 공급하는 시설 : 저수지, 지하수 개발,

관개 수로 ↳(중요한 이유) 물이 없으면 사람이 살아

갈 수 없고, 생산 활동도 할 수

없으므로

• 마을 회관 : 마을의 일을 결정하는 회의를 하거나

주민들이 쉬는 장소

• 정미소 : 농촌. 벼를 찧는 일(→벼의 껍질이 벗겨져 쌀

이 됨.)

- 염전 : 어촌. 바닷물을 증발시켜 소금을 얻음.
- 방파제와 등대 : 어촌. 어선들의 안전을 위한 시설
- 기타 : 생선 직판장, 목장, 양식장, 광산, 스키장 등

② 집의 분포
- 농촌 : 평야에 모여 있음.
  → 함께 일하기가 쉬움.
- 어촌 : 바닷가 주변 언덕
  → 바닷물 피해를 줄일 수 있음.
- 산지촌 : 흩어져 있음.
  → 여러 집들이 모일 수 있는 공간이 부족하므로

③ 촌락의 문화
- 비를 기원하는 농촌의 (기우제)
- 고기가 많이 잡히기를 기원하는 어촌의 (풍어제) ☆
- 마을의 안녕을 기원하는 산지촌의 (산신제)
- 흥을 돋우는 (풍물놀이)

p.59 ~60 (4) 촌락의 변화와 발전 ⭐⭐
① 촌락의 변화
- 초가집 → 양옥집
- 흙길, 비포장 도로 → 아스팔트, 포장 도로
- 소를 이용하여 농사 → 경운기, 트랙터 등 기계 이용
- 겨울에는 휴경 → 비닐하우스 재배

p.57 ② 촌락의 발전 ☆☆☆

┌ 농공 단지 조성 : 농어촌 지역 소득 향상, 경제 균형 발전
├ 지역 축제 : 지역의 경제적·문화적 이득
├ 친환경 농업 : 무공해 자연 식품 제공
├ 생태 마을, 체험 마을 : 지역 소득 향상
└ 농산물 수출 : 소득 향상

＊연도별 귀농 가구 수

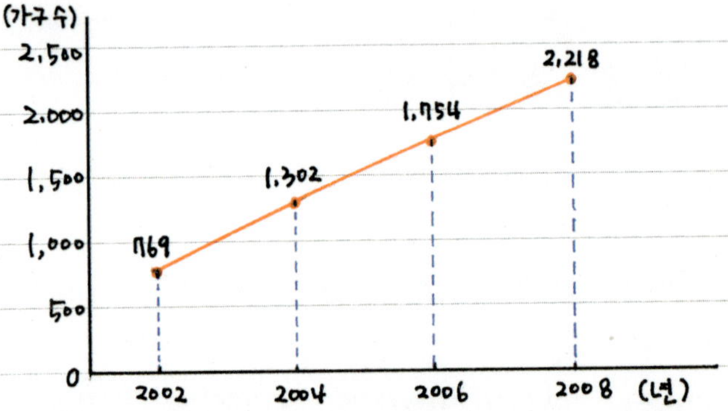

(가구수)

2,500

2,218

2,000

1,754

1,500

1,302

1,000

769

500

0

2002   2004   2006   2008 (년)

→ 연도별 귀농 인구가 느는 까닭은 촌락이 점점 발전
하여 일자리도 늘고 삶의 질도 올라갔기 때문

p.63
p.59
＊대부분 촌락이 날씨를 중요하게 여기는 까닭

→ 촌락의 생활과 생산 활동은 날씨의 영향을 받기
때문 (예 비가 옴 → 모내기 등의 농사일을 쉼.)

1. 촌락의 생활 모습

1. 시골에 가면 볼 수 있는 작은 마을을 촌락이라고 하는데, 주변 환경과 생활 모습에 따라 농촌, 어촌, 산지촌으로 구분된다.

2. 농촌은 농업, 어촌은 어업, 산지촌은 임업 및 축산업 등의 생활을 한다.

3. 촌락마다 자연환경이 달라 생산활동이 다르기 때문에 발달한 산업도 다르다.

4. 농촌은 넓은 평야에 위치하고 주변에 하천이 있고, 어촌은 바닷가에 자리 잡고 있으며, 산지촌은 주위가 산으로 둘러싸여 있다.

5. 촌락에 있는 시설들은 주로 생산 활동을 돕거나 생산물을 저장하는 데 이용된다.

6. 농촌은 집들이 모여 있고, 어촌은 바닷가 언덕에 자리 잡고 있고, 산지촌은 집들이 흩어져 있다

7. 농촌에 집들이 모여 있는 이유는 벼농사는 모내기 등 공동의 작업이 필요한 경우가 많아 많은 일손이 필요하기 때문이다.

8. 농촌, 어촌, 산지촌은 모두 물을 얻을 수 있는 곳에 위치하고, 자연에서 생산물을 얻는다.

9. 농촌에서는 넓은 평야에서 벼농사를 짓고, 산지촌에서는 평지가 적기 때문에 계단식 논을 만들어 벼농사를 짓는다.

2. 도시의 생활 모습

p.64 **(1) 도시** ⭐⭐

① 뜻 : 일정한 지역의 정치, 경제, 문화의 중심지로
  사람들이 많이 모여서 사는 곳
② 교통 시설과 문화 시설이 발달
③ 많은 인구 → 공장, 상점, 회사 등에서 일함.

＊도시와 촌락의 생활 모습을 살펴볼 수 있는 자료
  · 사진이나 그림 → 예 추수하는 사진, 고기잡이 그림 등
  · 텔레비전 방송 → 예 모내기 현장을 담은 프로그램 등
  · 신문 → 예 지역 소식, 생활 통계, 아파트 정보 등
  · 인터넷 → 예 지하철 노선, 교통편, 주변 시설 등

p.67 ~69 **(2) 도시의 인문 환경** ⭐⭐

① 인구와 교통
p.62 ~63
  · 많은 인구는 산업, 교통, 문화 시설 발달에 영향
  · 교통 시설 : 버스, 지하철, 철도, 항구, 공항 등
          → 빠르고 편리하게 이동
② 산업
  · 제조업, 도매 및 소매업, 서비스업 발달
    → (산업 통계) (1)서비스업(67.7%), (2) 광업과 제조업,
    건설업(25.1%), (3) 농업과 임업, 어업(7.2%)

③ 문화 시설

- 공연장, 영화관, 박물관, 경기장, 도서관, 공원 등
  → 도시 사람들이 여가를 즐김.

p.70 ~71 (3) 도시의 발달 ★★★

★★★
- 물을 쉽게 구함.
- 물자 이동 편리

① 도시가 발달한 지형

- 평야 : 평평하고 넓은 땅으로서 주로 하천 주변에
  자리 잡고 있음. (예) 서울 특별시)
- 분지 : 주위가 산으로 둘러싸인 평지 (예) 대구, 대전)
  → 많은 사람이 집을 짓고 살 수 있고, 도로 건설이
  쉬워 교통이 발달
- 해안 지역 : 해안가에 접해 있음. (예) 인천, 부산, 울산)
  → 해산물 풍부, 항구를 통한 수출·수입 등 무역 발달

★ 산지에 도시가 발달하지 않은 까닭 ★★
  → 지형이 높아 사람이 살기 힘들고, 땅이 평평하지
  않아 많은 건물을 지을 수 없기 때문

p.73 ★ 지형의 특징은 비슷한데, 어떤 곳은 도시이고 어떤 곳은
촌락인 까닭 ★★★
  → 교통, 문화, 교육 등의 인문환경이 다르기 때문
  → 교통과 산업이 발달하면 인구가 모여 도시가 됨.

✻ 우리나라의 행정 구역

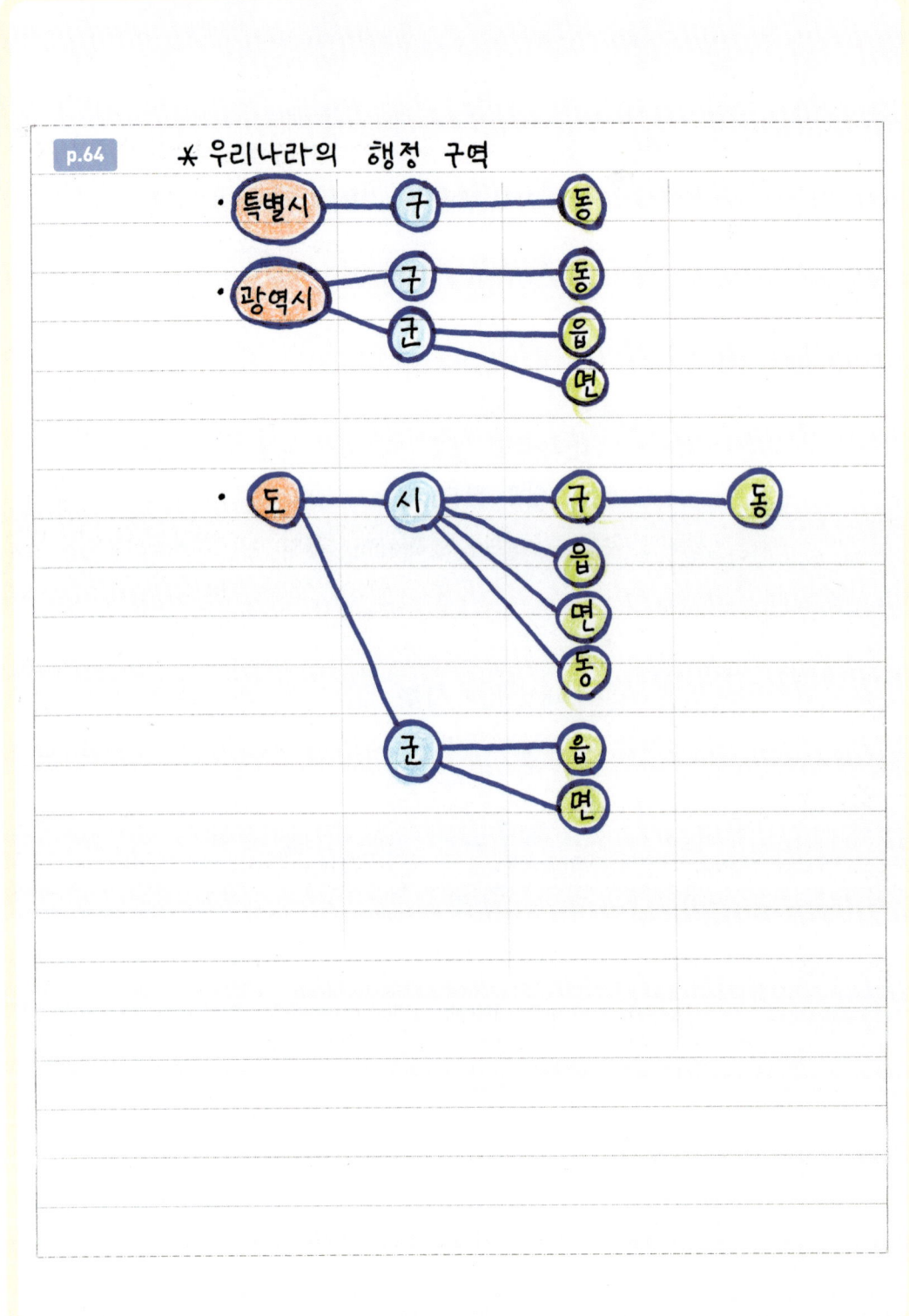

- 특별시 ── 구 ── 동
- 광역시 ── 구 ── 동
         ── 군 ── 읍
              ── 면
- 도 ── 시 ── 구 ── 동
         ── 읍
         ── 면
         ── 동
    ── 군 ── 읍
         ── 면

2. 도시의 생활 모습

1. 촌락 지역과 도시 지역은 인구, 산업, 교통, 문화 시설 발달 등이 다르기 때문에 생활 모습도 다르다.

2. 도시에는 공연장, 영화관, 놀이 공원 등의 문화시설이 발달해 있는데, 모두 인문 환경을 이용한 것이다.

3. 도시와 촌락은 발달한 산업이 다른데, 생산물을 교류하고 상호 협력하여 서로 더욱 발전할 수 있다.

4. 도시에서는 서비스업이 가장 발달했고, 그 다음으로 제조업과 건설업이 발달했다. 그래서 공장이나 회사가 많다.

5. 자연환경이 비슷해도 한 곳은 촌락이고, 다른 한 곳은 도시인 이유는, 교통·교육·문화시설 등 인문환경이 다르기 때문이다.

6. 도시의 발달은 자연환경뿐만 아니라 인문환경과도 밀접하게 관련을 맺고 있다.

7. 도시는 넓은 평야가 있는 곳, 하천 주변, 해안에 발달해 있다.

8. 해안에 사람들이 모여 사는 까닭은, 해산물 등 먹을거리를 구하기 쉽고 항구를 이용하여 원료나 물건을 실어 나를 수 있기 때문이다.

3. 도시로 모이는 사람들

p.76 (1) 인구 이동 ★

① 뜻 : 사람들이 여러 가지 원인에 의하여 <u>일정한 지역에서 다른 지역으로 옮겨 가는 현상</u>

② 종류 ★★★

┌─ <u>일시적인 인구 이동</u> : 출퇴근, 등하교, 여행, 쇼핑, 명절 때 고향 방문 등

　　　　→ 인구 변화에 영향을 주지 않음.

└─ <u>영구적인 인구 이동</u> : 이사, 이민 등

　　　　→ 인구 변화에 영향을 줌. ★

p.78 ＊ 인구 이동 상황을 알 수 있는 방법

－ 통계청 누리집으로 들어가 '인구 이동'으로 검색

→ 그래프를 통해 여러 지역을 비교하거나 한 지역에서 인구가 변화하는 과정 볼 수 있음.

(단위 : 만 명)　〈지역별 인구 (2009)〉

(↓ 세로축 : 사람 수)

1,020만 명　1150만명

＊인구가 많은 지역 (200만 이상)

→ 경기, 서울, 부산, 경남, 경북, 인천, 대구 등

수도권에 인구 집중

＊인구가 적은 지역

→ 울산, 제주

가로축 : 서울, 부산, 대구, 인천, 광주, 대전, 울산, 경기, 강원, 충북, 충남, 전북, 전남, 경북, 경남, 제주 (← 가로축 : 지역)

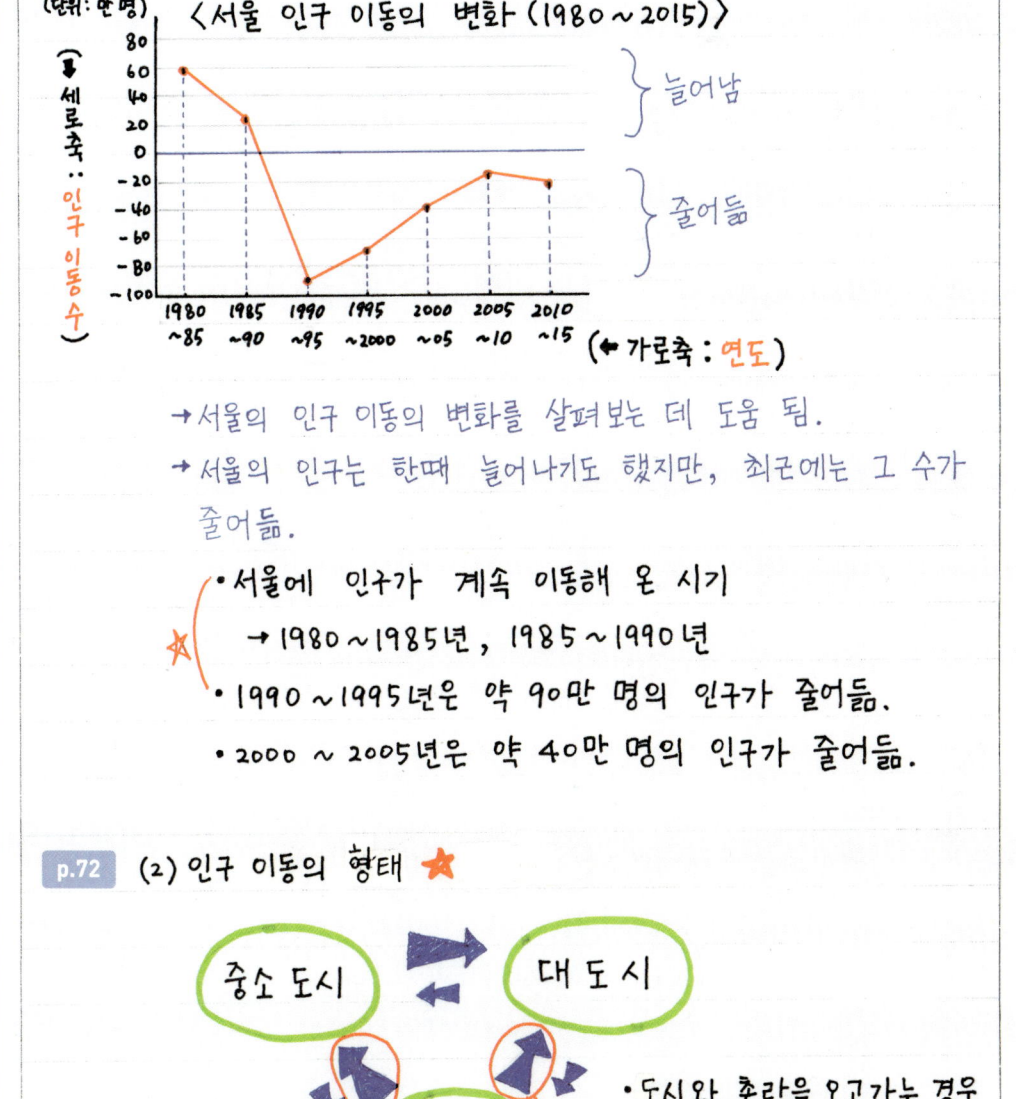

（단위: 만 명）

〈서울 인구 이동의 변화 (1980 ~ 2015)〉

(세로축 : 인구 이동수)

늘어남

줄어듦

(← 가로축 : 연도)

→ 서울의 인구 이동의 변화를 살펴보는 데 도움 됨.

→ 서울의 인구는 한때 늘어나기도 했지만, 최근에는 그 수가 줄어듦.

☆
- 서울에 인구가 계속 이동해 온 시기
  → 1980 ~ 1985년, 1985 ~ 1990년
- 1990 ~ 1995년은 약 90만 명의 인구가 줄어듦.
- 2000 ~ 2005년은 약 40만 명의 인구가 줄어듦.

p.72 (2) 인구 이동의 형태 ⭐

중소 도시

대 도시

촌 락

촌락에서 도시로의 인구 이동이 많음.

- 도시와 촌락을 오고가는 경우
- 도시에서 도시로 이동
- 촌락에서 촌락으로 이동

(3) 인구 이동의 이유 ★★

① 취업 및 직장의 변경으로 인해

② 좋은 교육 환경에서 자녀 교육을 시키기 위해

③ 편리한 생활 환경을 찾아서

④ 쾌적한 환경에서 살기 위해

⑤ 다양한 문화 혜택을 누리기 위해

⑥ 친척이나 친지와 함께 살거나 가까이 살기 위해

(4) 인구가 대도시로 집중되는 이유 ★★★

① 직장을 구할 수 있는 회사나 공장이 많아서

② 교육 여건이 좋아서

③ 생활에 편리한 시설이 많아서

④ 여가와 휴식을 취할 수 있는 곳이 많아서

⑤ 필요한 물건을 쉽게 구할 수 있어서

(5) 인구의 도시 집중으로 생기는 문제 ★★★

① 도시의 경우 ┌ 주택 문제 : 주택 부족 → 집값 상승

　　인구증가 → ├ 교통 문제 : 차량 증가 → 교통 체증, 주차 문제

　　　　　　└ 환경 문제 : 생활 쓰레기, 매연 증가

② 촌락의 경우 ┌ 일손 부족

　　인구 감소 → ├ 학교 폐교

　　　　　　└ 주택, 도로, 병원, 교육 시설 등 인문 환경 낙후

　　　　　　　→ 생활 불편

＊ 우리나라 인구 이동의 특징 ★★

① 촌락에서 도시로 인구 이동이 많음.

② 서울, 인천, 경기 등 수도권 지역에 인구 집중

③ 도시 주변에 살면서 대도시로 출근 많음.

④ 취업, 교육 등의 이유로 청·장년층의 인구 이동 많음.

→ 서울은 인구가 집중되어 있으나 1990년 이후로 줄어듦.

→ 서울의 인구가 경기도로 많이 이동함.

(이유: 신도시 개발로 대규모 주택 단지 조성)

손으로 **외워요~**

서술형 완전정복

3. 도시로 모이는 사람들

1. 출퇴근이나 여행, 쇼핑 등의 인구 이동을 임시적인 인구 이동이라고 한다.

2. 다른 지역 또는 다른 나라로 이사하는 것을 영구적인 인구 이동이라고 한다.

3. 인구가 이동하는 이유는 직장을 얻기 위해, 자녀 교육을 위해, 주택 장만을 위해, 편리한 생활을 위해, 깨끗한 환경에서 살기 위해서이다.

4. 최근 인구 이동의 특징을 보면, 서울의 인구는 줄고 있지만 경기, 인천 등 수도권의 인구는 꾸준히 늘고 있다.

5. 촌락에서 중소 도시나 대도시로, 중소 도시에서 대도시로의 인구 이동이 많다.

6. 인구가 대도시로 집중하는 이유는 교통이 발달하였고, 직장을 구할 수 있는 회사와 공장이 많으며, 교육 여건도 좋고, 생활에 편리한 시설도 많기 때문이다.

7. 도시로 인구가 집중하면서 주택 가격 상승, 교통 체증, 일자리 부족, 환경 문제 등의 도시 문제가 발생하였다.

8. 도시로 인구가 집중하면서 일손 부족, 생활의 불편, 폐교 수 증가 등의 촌락 문제가 발생하였다.

9. 서울에서 수원이나 인천 등 주변 도시로의 인구 이동이 일어나는 까닭은, 서울에 비해 집값이 싸고 신도시가 잘 정비되어 삶의 질이 향상되었기 때문이다.

4. 도시와 촌락의 문제와 해결

p.84 (1) 도시와 촌락의 문제를 찾아보는 방법 ⭐

① 신문 기사와 방송 뉴스

② 지도와 사진 자료

③ 통계 자료

④ 질문지 조사

p.85 ~88 (2) 도시와 촌락의 문제 ⭐⭐⭐

① 원인 : 도시로의 인구 집중

(교통 발달 → 산업 발달 → 일자리 증가 → 인구 집중)

② 결과

구분	도 시	촌 락
주택 문제	주택 부족, 집값 상승, 전세 가격 상승 등	낡은 주택, 사람이 안 사는 빈 집 등
교통 문제	교통 체증, 주차 문제, 차량 증가 등	대중 교통 운행 시간과 운행 횟수 감소로 이용 불편
환경 문제	생활 쓰레기 증가, 대기 오염, 소음, 생활 하수, 공장 폐수 등	농약 사용, 축사 폐기물, 비닐 오염, 물 오염, 토양 오염 등
노동 문제	일자리 부족 (→ 실업)	일손 부족 등

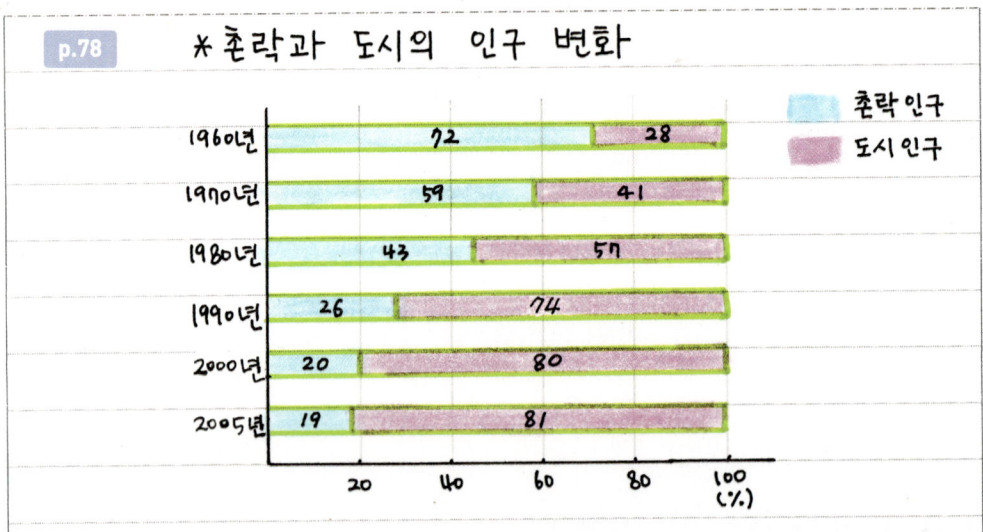

p.78 **＊촌락과 도시의 인구 변화**

촌락 인구
도시 인구

→ 도시 인구가 차지하는 비율이 점점 높아짐.

(1960년 : 전체 인구의 28 %
  2005년 : 전체 인구의 81 %) 약 3배 증가

p.89 **(3) 문제 해결을 위한 노력 ★★**

① 주택 문제 해결

- 신도시 건설 : 대도시의 인구 분산
- 도시 재개발 사업 : 낡은 주택 교체
- 고층 아파트 건설, 도로 정비, 교통 시설 확충 등

② 교통 문제 해결

- 대중교통 이용 : 지하철, 버스 등
- 버스 전용 차로제 실시
- 차량 10부제, 요일제 운행 실시
- 걷기 및 자전거 이용

③ 환경 문제 해결
 ┌ 정화 시설 설치 : 생활 하수 및 공장 폐수 정화
 ├ 재활용 , 분리 수거, 쓰레기 종량제, 일회용품 사용 자제
 ├ 오존 경보제 실시 : 오존 농도 높으면 차량 이동 제한
 └ 방음벽 설치 , 자동차 경적 자제

p.91 (4) 도시와 촌락의 문제 해결 ★☆
p.85 ① 농수산물 직거래 장터
 ② 도시와 농촌 간의 자매결연
 ③ 도로 건설로 교통 원활
 ④ 관광 및 생태 체험

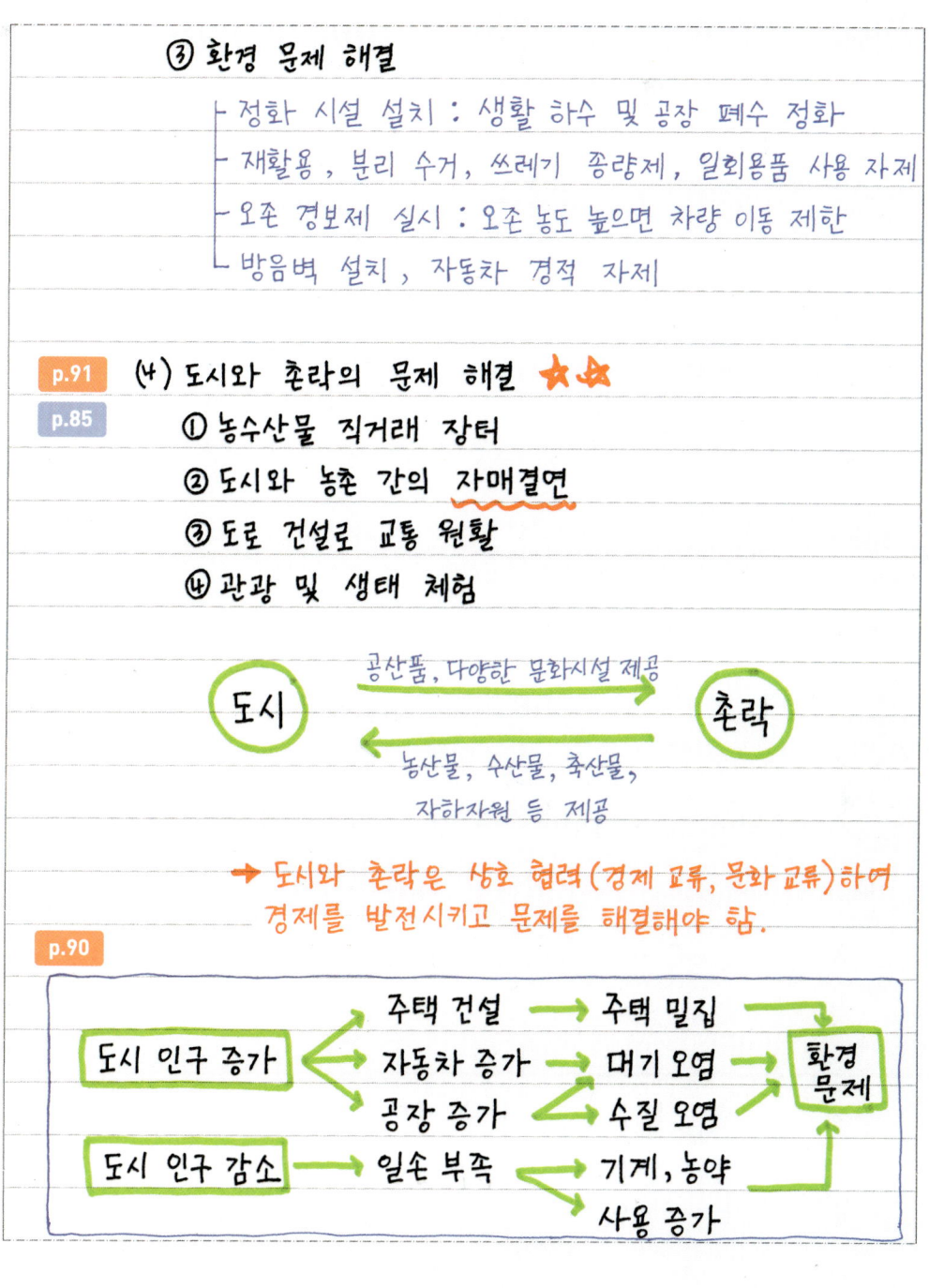

공산품, 다양한 문화시설 제공

도시   촌락

농산물 , 수산물, 축산물,
자하자원 등 제공

→ 도시와 촌락은 상호 협력(경제 교류, 문화 교류)하여
경제를 발전시키고 문제를 해결해야 함.

p.90

도시 인구 증가 ┣━ 주택 건설 → 주택 밀집 ┓
    ┣━ 자동차 증가 → 대기 오염 ┣→ 환경 문제
    ┗━ 공장 증가 → 수질 오염 ┛

도시 인구 감소 → 일손 부족 ┳→ 기계, 농약
           ┗→ 사용 증가

손으로**외워**요~

서술형 완전정복

4. 도시와 촌락의 문제와 해결

1. 도시 문제와 촌락 문제가 발생하는 이유는, 촌락의 인구가 도시로 집중했기 때문이다.

2. 도시에서는 주택 부족으로 집값이 상승하는 문제가 있고, 촌락 지역은 인구가 적어 빈집이 증가하는 문제가 있다.

3. 도시에서는 자동차 수가 증가하는 데 반해, 도로가 부족하여 교통 체증이 심각하다.

4. 도시에 자동차 수가 점점 늘어나면서 배기가스로 인해 대기오염 문제가 생긴다.

5. 환경 문제를 해결하기 위해 태양열 이용 기술을 더욱 발전시키고, 오염된 물을 정화시키며, 쓰레기를 분리수거한다.

6. 지역의 문제를 해결하기 위해 도시와 촌락이 상호 협력한다. 예를 들어 농산물 직거래 장터, 관광 및 생태 체험 등이 있다.

7. 주택 문제를 해결하기 위해 고층 아파트 건설, 신도시 건설 등으로 인구를 분산시킨다.

8. 교통 문제를 해결하기 위해 도로 건설, 차량 요일제, 버스 전용 차로제, 지하철 건설 등을 한다.

9. 환경 문제를 해결하기 위해 재생 가능한 에너지와 천연가스 사용, 하수 처리 시설, 쓰레기 처리 시설 등을 건립한다.

Ⅲ. 사회 변화와 우리의 생활

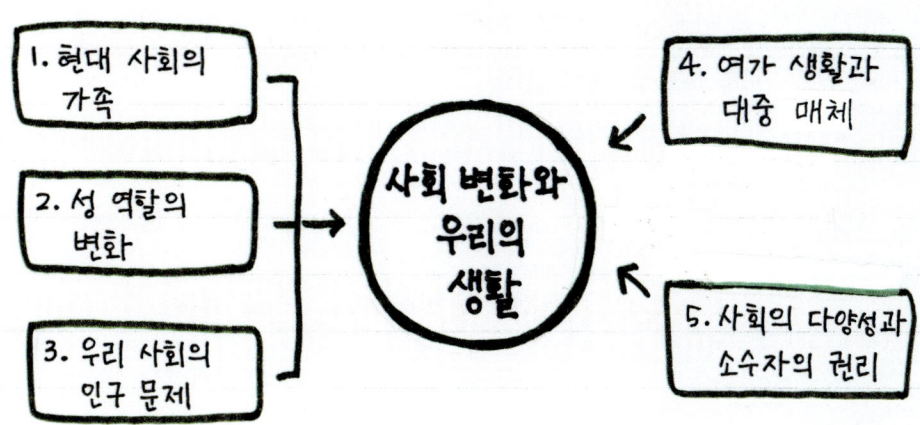

1. 현대 사회의 가족
2. 성 역할의 변화
3. 우리 사회의 인구 문제

→ 사회 변화와 우리의 생활

4. 여가 생활과 대중 매체
5. 사회의 다양성과 소수자의 권리

★ 단원 학습 목표

- 오늘날 가족의 형태와 의미가 어떻게 변했는지 알기
- 성 역할 변화에 따른 바람직한 태도 알기
- 저출산 고령화에 따른 인구 문제 파악하기
- 대중 매체 발달이 여가 생활에 어떤 영향 미치는지 판단하기
- 변화하는 사회 속에서 다양한 사람들이 함께 살아가기 위한 방법 찾아보기

1. 현대 사회의 가족

p.99 (1) 가족 ⭐
p.100
① 좁은 뜻 : 한 집안에 살고 있는 구성원

② 넓은 뜻 : 가족 구성원 혈연 전체, 동족, 친척 등

③ 가족의 형성 과정

- 결혼
- 출산 } 혈연 관계에 의해 형성
- 입양 — 비혈연 관계에 의해 형성

＊가족과 친인척 관계에서 '나'의 지위

→ 아들, 형, 동생, 사촌, 조카, 삼촌 등

p.99 (2) 가족의 형태 ⭐⭐
p.89
① 핵가족 : 부부나 미혼의 자녀로만 이루어진 가족

② 확대가족 : 결혼한 자녀들이 부모님과 같이 생활하는 가족

③ 다문화 가족 ┌ 국제 결혼 가족
             └ 우리나라에 사는 외국인 가족

④ 북한 이탈 가족 : 새터민 가족

⑤ 한 부모 가족 : 이혼, 사망 등의 이유로 혼자서 자녀를
    키우는 한 부모와 자녀로 구성된 가족

⑥ 입양 가족 : 혈연 관계는 아니지만, 법률 상으로 부모와
    자녀 관계가 된 가족

⑦ 조손 가족 : 조부모와 손자, 손녀가 함께 생활하는 가족

(3) 가족의 역할 ★★
　①사회 활동으로 가족의 경제 분담 및 <u>책임 수행</u>
　②<u>자녀 출산</u>을 통해 사회 기여 및 <u>혈연 계승</u>
　③<u>자녀 보호</u> 및 양육, 부모 공경 및 <u>효도</u>
　④<u>사회인의 역할 및 기능 습득</u>
　⑤정서적 안정 및 유대감

p.101 ~102 (4) 바람직한 가족의 모습
　①가족의 문제 해결 ★★
　　→ 가족 간의 사랑과 배려, 이해 필요
　　→ 서로 도우며 문제 해결
　②바람직한 가족의 모습
　　├ 대화가 많은 가족
　　├ 서로를 이해하고 아끼는 가족
　　├ 서로를 아끼고 배려하는 가족
　　└ 사랑이 넘치는 가족

1. 현대 사회의 가족

1. 결혼, 출산, 입양 등으로 이루어진 생활 공동체를 가족이라고 한다.

2. 사회가 발전하고 복잡해지고 다양해짐에 따라 전통적 가족의 형태가 변화하고 있다.

3. 가족의 형태에는 세대 수에 따라 핵가족과 확대가족이 있다.

4. 가족의 형태에는 특성에 따라 다문화 가족, 한 부모 가족, 북한 이탈 가족, 입양 가족 등이 있다.

5. 다문화 가족이란, 국제결혼 가족으로 우리나라에 살고 있는 외국인과 결혼한 한국 가족 또는 외국인 가족을 말한다.

6. 가족 간의 갈등이나 문제가 일어났을 때 가장 먼저 함께 모여 대화를 나누어야 한다. 그리고 사랑과 배려, 이해의 자세로 서로의 의견을 존중해야 한다.

7. 바람직한 가족은 대화가 많은 가족, 서로 이해하고 아끼는 가족, 문제가 일어났을 때 감싸 주고 위로해 주는 가족, 서로를 사랑해 주는 가족이다.

8. 우리가 살면서 어려운 일이 생길 때 우리에게 가장 큰 희망과 위로를 주는 것이 가족이다.

2. 성 역할의 변화

p.106 (1) 성 역할 ☆

① 뜻 : 남녀의 성별에 따라서 기대되는 역할

② 성 역할을 구분하는 기준 : 전통, 종교, 문화, 사회적 이념

③ 성 역할의 변화 : 전통적인 성 역할의 경계가 점차

무의미해지고 있음. (이유 - 여성의 사회적 진출 확대)

p.109 (2) 옛날과 오늘날 성 역할 비교 ★★★

옛 날	오 늘 날
남존여비 사상 (불평등 사상) ↳ 남자는 존경, 여자는 무시	양성평등 사상 ↳ 남녀 차별 없이 개인 능력 중시
여자는 집안일, 남자는 사회 생활 → 남성 우대	개인 능력에 따라 다양한 직업 선택
남녀의 역할 구분 뚜렷	남녀의 역할 구분 거의 사라짐
남녀에게 기회 균등 X → 불공평	남녀에게 기회 균등 O → 공평

p.106 ＊ 양성평등 ★★ (↔ 성차별)

→ 성에 따른 차별을 받지 않고 자신의 능력과

특성에 따라 동등한 기회를 보장 받는 것

→ 남녀 모두 정치, 경제, 사회, 문화 등 삶의 모든 영역에

서 동등한 참여 보장. 동등한 권리와 이익 누리는 것

p.110 (3) 성차별 ★★

① 뜻 : <u>성별이 다르다는 이유만으로 남자와 여자를</u>
<u>차별하는 것</u>

② 전통적으로 여성에 대한 차별이 심함.

③ 생활 속에서 남자, 여자의 <u>성 역할 편견으로</u> 차별
→ 예 남자는 파란색 티셔츠, 여자는 분홍색 티셔츠
<u>출산</u> 해고

④ 사회가 점차 다양화, 전문화, 개방화되면서
<u>여성의 사회 진출 확대</u> → 성차별이 점점 사라짐.

＊ 성차별 사례 ★★

• 채용 · 임금 · 승진 차별
• 교육 기회 · 조건 · 방법 차별
• 언어 · 행동 · 외모 차별 → 예 남자답게, 여자답게
• 육아 공간 (수유실 등) 부족
• 직장 및 공공기관에서 성희롱 및 언어 폭력 문제

p.94
~95 (4) 성차별을 없애기 위한 노력 ★★

① 기회의 균등
② 외모 · 재산 · 성별보다 <u>개인의 능력</u> 중시
③ 성차별에 대한 <u>고정관념</u> 없애기
④ <u>양성평등</u> 실현 노력

2. 성 역할의 변화

1. 성이 다르다는 이유로 차별하는 것을 성차별이라고 한다.

2. 옛날에는 성별에 따라 직업 선택이 자유롭지 못했는데, 그 이유는 여자를 무시하고 남자 중심의 생활을 했기 때문이다.

3. 오늘날 성 역할에 대한 생각이 점점 달라진 이유는, 사회가 변화함에 따라 여성의 사회 참여가 활발해졌기 때문이다.

4. 우리 주변에서 흔히 볼 수 있는 성차별에는 남자는 부엌일을 시키지 않는 것, 여자는 힘이 약하다고 무거운 물건을 못 옮긴다고 생각하는 것, 결혼을 하면 여자가 집안일을 하는 것 등이 있다.

5. 옛날에는 거의 모든 집안일을 여자가 했지만, 오늘날은 가족 모두가 서로 나누어 한다.

6. 오늘날 직업 선택에서 가장 중요한 것은, 성별과 상관없이 자신의 흥미와 능력이다.

7. 오늘날 성차별이 줄어드는 까닭은 사회가 점차 다양화, 전문화, 개방화되기 때문이다.

8. 성차별을 하지 않고 자신의 능력에 따라 동등한 기회를 보장받는 것을 양성평등이라고 한다.

9. 양성평등을 실현하기 위해 남녀 기회 평등, 집안일 분담과 의식 변화, 다양한 법과 제도 마련 등을 해야한다.

3. 우리 사회의 인구 문제

p.114 (1) 인구 ✗

① 뜻 : 어떤 한 지역에 사는 사람의 수

② 인구는 고정되어 있지 않고 변화함.

③ 인구 문제 : 인구 변화로 인해 생기는 여러 가지 문제

- 인구 폭발 및 특정 지역 인구 증가
- 평균 수명 증가 → 인구 고령화
- 인구 감소 → 저출산

) ✗

p.116 ✗ 우리나라의 연령별 인구 구성비 변화 ✗✗

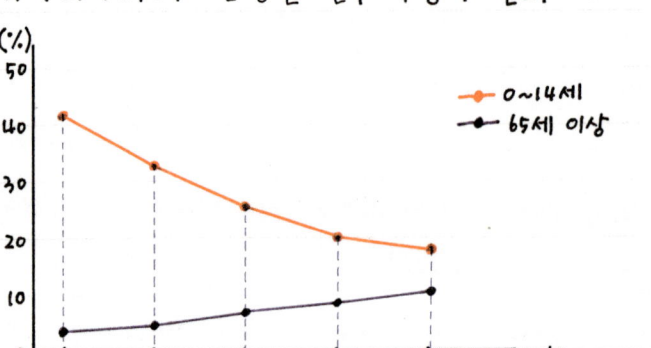

→ 0~14세 인구 비율은 점점 낮아지고 있음.

→ 65세 이상 인구 비율은 점점 높아지고 있음.

→ 우리나라는 2000년에 고령화 사회가 되었음.

↳ 65세 이상 노인 비율이
전체 인구의 7%가 될 때

(2) 저출산 고령화 사회 ★★★☆

① 새로 태어나는 아기의 수가 점점 줄어듦.

→ 저출산 → 생산 인구 및 총인구 감소

② 평균 수명 연장으로 노인 인구 늘어남.

→ 고령화 → 사회 부양

③ 문제 ★★★

├ 노동력 부족 → 소비 축소 → 생산 축소 → 투자 위축

├ 경제 활동 저하 및 국가 경쟁력 약화

├ 학교 폐교, 사회 보장비 부담 증가

                  젊은 사람이나 국가의 부담 ↑

└ 노인 문제 : 부양 가족이 없는 노인, 일자리가 없어

       경제적 어려움을 겪는 노인, 병을 앓고

       있는 노인 등

＊ 저출산의 이유 ★★

→ 경제적 어려움, 남아 선호 사상, 여성의

    사회 진출로 인한 보육의 어려움 등

(3) 인구 문제 해결 방안 ★★★

① 저출산 문제 해결을 위한 노력

→ 출산비 지원, 육아 시설 확보, 다자녀 세제 혜택,

    교육비 지원, 육아 휴직 활성화, 탄력적 근무제 실시 등

② 고령화 문제 해결을 위한 노력

→ 노인 고용 확대, 노인 복지 확충, 노인 상담 지원

3. 우리 사회의 인구 문제

1. 한 지역에 사는 사람의 수를 인구라고 하며, 인구 변화로 인해 생기는 문제를 인구 문제라고 한다.

2. 새로 태어나는 아기 수가 점점 줄어드는 현상을 저출산이라하고, 노인 인구가 100명당 7명 이상 되는 것(전체 인구의 7%)을 고령화라고 한다.

3. 저출산 현상으로 인해 생산 인구가 감소하고 그에 따른 저축 및 소비, 투자가 줄어 들어 경제 활동이 저하된다.

4. 고령화 현상으로 노인 인구 부양을 위해 사회 보장비 부담이 증가함에 따라 세대 간의 갈등을 야기할 수 있다.

5. 저출산 문제를 해결하기 위해 출산비 및 교육비를 지원하고, 세제 혜택을 주며, 보육 시설을 확충하고, 육아 휴직을 활성화한다.

6. 고령화 문제를 해결하기 위해 노인들이 일할 수 있는 여건과 일터를 개발하고, 고용 기회를 확대하며, 노인 복지 정책을 마련한다.

7. 선진국들이 고령화 대책 마련을 위해 노력하는 까닭은, 고령화 문제를 방치해 두면 성장이 어렵다고 생각하기 때문이다.

8. 2006년 발표된 정부의 저출산 고령화 대책은 '새로마지 플랜 2010'이다.

4. 여가 생활과 대중 매체

p.120 **(1) 여가 생활** ☆

① 여가 : 자유롭게 보낼 수 있는 시간

② 특징
- 생활 수준의 향상과 교통·통신의 발달로 다양한 여가 생활 즐김.
- 우리 삶을 더욱 건강하고 풍요롭게 함.
- 자신의 소질과 능력 계발
- 경제적으로 형편에 맞는 여가 생활
- 피로 회복과 충분한 휴식
- 사회 봉사

③ 종류 : 운동, 놀이, 여행, 전시회 관람, 컴퓨터 게임, TV 시청, 라디오 청취 등

p.105 **(2) 대중 매체** ☆☆

① 과학 기술의 발달로 대중 매체 발달

　　　　　　　　　신문 → 라디오 → 텔레비전 → 인터넷

② 시간과 장소에 구애받지 않고, 많은 사람에게 신속하고 효과적으로 정보 전달

③ 종류
- 영상 매체 (시각과 청각 - 텔레비전, 영화, 비디오)
- 음성 매체 (청각 - 라디오, 음반)
- 활자 매체 (시각 - 신문, 서적, 잡지)
- 멀티 미디어 (영상 + 음성 + 활자 - 인터넷)

p.125 (3) 대중 매체의 장점과 단점 ★★★

① 장점 ┌ 여가 생활에 도움을 줌.

├ 유익한 정보 제공

├ 재미와 휴식 제공   ◄ 유익하고 적당히

└ 새로운 소식 전달   사용했을 때

② 단점 ┌ 시간을 많이 빼앗김.

├ 건강을 해침.

├ 가족 간의 대화가 줄어듦.   ◄ 너무 오래 사용하거나

├ 게임 중독 및 인터넷 중독   중독되었을 때

└ 인터넷 유해 사이트 노출

p.107 ③ 바람직한 활용 방안

→ 유익한 정보인지 해로운 내용인지 판단하여 선택

→ 시간을 정해 사용

p.124 ＊대중 문화 ★

→ 많은 사람들이 즐기는 문화

→ 예 영화, 방송, 음악, 미술, 공연, 게임 등

→ 대중 매체를 통해 외국에도 소개 (예 한류 열풍)

4. 여가 생활과 대중 매체

1. 여가 생활은 우리의 삶을 더욱 건강하고 풍요롭게 해 준다.

2. 대중 매체의 발달로 누구든지 쉽게 영화, 공연, 텔레비전 드라마, 게임 등의 대중 문화를 접할 수 있게 되었다.

3. 우리는 대중 매체와 대중 문화를 통해 유익한 정보를 얻고 여가를 즐기며 다른 사람들과 의사소통을 할 수 있다.

4. 대중 매체의 발달로 우리나라의 대중 문화가 다른 나라에까지 건너가 우리 문화를 알리는 데 큰 역할을 하고 있다.

5. 대중 매체의 긍정적 영향으로는 많은 정보를 얻을 수 있다는 것, 공부에 도움이 된다는 것, 음악이나 영화를 감상할 수 있다는 것, 새 소식을 쉽게 알 수 있다는 것 등이 있다.

6. 대중 매체의 부정적 영향으로는 시간을 많이 빼앗고 건강을 해친다는 것, 유해 사이트를 볼 수 있다는 것, 게임 중독에 빠질 수 있다는 것, 가족들 간에 대화가 줄어들 수 있다는 것 등이 있다.

7. 대중 매체를 활용해 여가를 건전하게 보내기 위해서는 시간을 정해서 하고, 나에게 도움이 되는지 생각해 보고 한다.

8. 바람직한 여가 생활을 하기 위해서는 활동 시간을 정해서 규칙적으로 하고, 활동 내용이 건전하고 발전성이 있어야 하며, 피로를 풀고 즐거운 시간이 되도록 하는 것이다.

5. 사회의 다양성과 소수자의 권리

p.128 **(1) 사회의 다양성** ★★

① 인종이나 생활 방식이 다른 사람들이 함께 어울려 살아가는 것

② 사회의 다양성을 인정하며 서로의 차이에 대한 이해와 존중 필요

③ 예 - 국제결혼 및 외국인 근로자, 장애인, 북한 이탈 주민, 여자와 남자, 나이가 많은 사람과 적은 사람, 부자인 사람과 가난한 사람, 피부색이 다른 사람 등

❋ 인권 ★★

→ 피부색, 나이, 경제적 능력, 성별, 장애 등에 상관없이 인간이라면 누구나 보장받는 기본적인 권리

p.129 ~130 **(2) 소수자와 차별**

① 소수자 : 사회적으로 약자의 위치에 있는 사람들

② 예 - 다문화 가정, 외국인 근로자, 장애인, 북한 이탈 주민 등

③ 소수자들이 겪는 현실

→ 따돌림, 고용 차별, 사회 부적응, 편견 등

p.131 **(3) 소수자의 권리 보호** ★★

① 소수자 권리 : 소수자들이 편견이나 차별을 받지 않고
　　　　　 누구나 인간답게 살 수 있는 권리 (인권)

② 소수자 권리는 법과 제도로 보호

　　(예) - 유엔 아동 권리 협약, 장애인 차별 금지법,
　　　　　 국가 인권 위원회 활동 등

③ <u>소수자 권리를 위해 할 일</u> ★★★

　　┌ 소수자에 대한 편견 없애기
　　├ 소수자들의 취업 및 생활에 대한 정부 지원 확대
　　├ 다문화 가정을 위한 문화 및 언어 교육 실시
　　└ 소수자들의 차이를 인정하고 무시하지 않기

p.109 ＊유엔 아동 권리 협약 ★

• 1조 - 아동의 권리 : 18세 미만 모두에게 적용
• 2조 - 차별 안 하기 : 어떤 경우든 모두 동등한 권리
• 3조 - 어린이를 제일 먼저 : 정부, 사회 복지 기관, 법원
　　　　　　　　　　　 등 모든 기관이 어린이 먼저
• 5조 - 부모의 지도 : 어른은 어린이를 지도할 권리와 책임
• 6조 - 생존과 발달 : 생명을 보호받고 건강하게 자랄 권리
• 28조 - 인격을 존중하는 교육 : 초등 교육 무료, 수준별
　　　　　　　　　　　 교육 등

5. 사회의 다양성과 소수자의 권리

1. 생김새와 언어, 삶의 방식이 각각 다른 사람들이 모여서 살아가는 것을 '사회의 다양성'이라고 한다.

2. 우리 사회의 구성원 중 비교적 수가 적고, 사회적으로 힘이 없어 사회적 약자의 위치에 있는 사람을 '소수자'라고 한다.

3. 우리 사회의 소수자들이 당하는 차별에는 외국인 근로자들이 일을 하고도 급여를 제대로 받지 못한 경우 등이 있다.

4. 피부색, 나이, 경제적 능력, 성별, 장애 등에 상관없이 인간이라면 누구나 기본적으로 보장받는 권리를 인권이라고 한다.

5. 소수자의 권리를 보호하기 위해서는 장애, 인종, 성별 등을 이유로 차별하지 않고, 제도적으로 기본권과 인권을 보장해야 한다.

6. 사회를 구성하고 있는 다양한 사람들이 함께 살아가기 위해서는 서로의 생활 습관이나 특징을 편견 없이 받아들이고 인정하는 자세가 필요하다.

7. 우리나라에 사는 외국인이 점점 증가하는 이유는, 국제결혼을 통해 다문화 가정도 많이 생기고 외국인 근로자들도 늘고 있기 때문이다.

8. 1989년 유엔에서 제정한, 어린이의 권리를 담은 국제적인 법을 유엔 아동 권리 협약이라고 한다.

9. 다양한 우리 사회를 건강한 사회로 만들기 위해서는 서로의 차이에 대해 이해하고 존중해야 한다.

생활 속에서 사회를 공부해요!

생활 속 여러 가지 체험을 통해서도 사회 공부를 할 수 있어요. 우리 주변에는 사회 공부를 돕는 자료들과 아이디어들, 활동들이 넘쳐나지요. 이 중 4학년 2학기 사회 공부에 도움 되는 활동들을 알아볼까요?

생활 속 사회 공부법

- **직업 체험을 해요.** 우리 사회에는 매우 많은 직업이 있어요. 어떤 분야에서 일을 하고 싶은지 생각해 보고, 그 분야에서 일을 하는 사람이나 회사를 방문하여 일일 체험을 해 보세요.

- **매일 가계부를 써요.** 소비의 규모와 바람직한 소비 습관을 기르기 위해 가계부를 써요. 가계부를 쓰면 돈을 절약할 수 있고, 불필요한 소비를 줄일 수 있어요.

- **매일 신문을 읽어요.** 신문에는 여러 지역의 소식과 다양한 통계자료가 실려 있어요. 지역 소식을 통해 지역의 생활 모습과 문제를 알 수 있고, 통계자료를 통해 그래프를 분석하고 해석하는 실력을 기를 수 있어요.

- **대중 문화 감상노트를 만들어요.** 책을 읽고 독서록을 쓰는 것처럼 드라마, 음악, 공연, 영화 등을 시청하거나 관람하여 감상평을 써 보세요. 그러면 대중 매체를 활용한 여가 생활을 알차게 보낼 수 있어요.

책속부록

사회 교과서
알짜 낱말풀이

사회 교과서를 읽을 때 이해하기 어려운 어휘들이 많이 나올 거예요. 낱말풀이

사전을 보면서 뜻을 알아보세요.

ㄱ

- **가격** : 물건이 가지고 있는 가치를 돈으로 나타낸 것
- **가계부** : 살림살이를 알뜰하게 꾸려 나가기 위해 수입과 지출 내역 등을 기록하는 책
- **가족** : 혈연, 입양, 결혼 등으로 같이 생활하는 사람들의 집단 또는 그 구성원
- **가족 구성원** : 아버지, 어머니, 아들, 딸 등 가족을 이루고 있는 사람들
- **간이** : 간단하고 편리함.
- **간척** : 호수나 바닷가의 둑을 만들고 물을 빼내고 '농경지, 주택지, 산업 단지 등을 만드는 것
- **건설업** : 집을 짓거나 도로, 항만 등을 만드는 일
- **경제 활동** : 생활에 필요한 여러 가지 것들을 만들어 내고, 이것들을 사고팔거나 사용하는 것과 관련된 모든 일들
- **결혼** : 남녀가 가족을 이루기 위해 사회적으로 약속하는 일
- **고령화** : 한 사회에서 노인의 인구 비율이 높은 상태로 나타나는 것
- **고령화 사회** : 노인 인구의 비율이 전체 인구의 7%가 될 때를 말함.
- **고층** : 건물의 층수가 많거나 건물의 높은 층
- **관공서** : 국가나 지방의 행정을 맡아보는 여러 공공 기관
- **교통 체증** : 도로 위에 차들이 많이 몰려 정지하거나 천천히 가는 것
- **국가 인권 위원회** : 인간의 존엄과 가치를 실현하기 위해 만들어진 정부 기관
- **귀농 인구** : 일을 그만 두고 농사를 짓기 위해 농촌으로 돌아가는 인구
- **기여하다** : 도움이 되도록 이바지하다.
- **기업** : 사회에 필요한 물건을 만들거나 팔아서 이윤을 얻는 조직

- **기우제** : 농사에 필요한 비를 내려 달라고 하늘에 기원하는 제사
- **기준** : 선택할 때 기본이라 생각되는 점
- **기업가** : 회사를 세우거나 경영을 하는 사람

- **노동력** : 물건을 만들기 위해 들어가는 인간의 육체적, 정신적인 능력
- **능력** : 외모나 재산, 타고난 성별이 아닌 개개인이 가지고 있는 특별한 재능

- **다문화 가족** : 외국인과의 결혼 등을 통해 가족을 이루어 여러 문화를 함께 하는 가족
- **대기 오염** : 공기와 관련해서 오염이 된 것
- **대중 매체** : 사람들에게 많은 양의 정보를 제공해 주는 신문, 잡지, 텔레비전, 인터넷 등을 말함.
- **대중문화** : 많은 사람들이 함께 하거나 만드는 문화
- **도시 분포도** : 사람들이 많이 모여 사는 도시를 지도에 나타낸 것
- **디자인** : 물건의 모양, 크기, 색깔 등 겉으로 표현되는 모습

- **리콜** : 문제가 있는 상품을 생산자가 소비자에게 다양한 방법으로 알리고 물건을 회수하거나 수리, 교환, 환불해 주는 것

- **방파제** : 파도를 막기 위하여 항만에 쌓은 둑
- **보상** : 남에게 진 빚이나 받은 물건을 갚음.
- **부두** : 항구에서, 배를 대고 여객이 타고 내리거나 짐을 싣고 부리는 곳
- **부양** : 혼자서 살아갈 능력이 없는 사람의 생활을 돌보는 것
- **북한 이탈 주민** : 우리나라에 정착해서 살고 있는 탈북자를 말함.
- **분쟁** : 말썽을 일으켜 시끄럽게 다툼.
- **분지** : 주위가 산으로 둘러싸인 평지

- **사회의 다양성** : 인종이나 생활 방식이 다른 사람들이 함께 어울려 살아가는 것
- **산신제** : 산신에게 마을의 안녕을 기원하는 제사
- **산업** : 자연을 이용하거나 사람들에게 필요한 물건을 생산하고 생활을 편리하게 하는 사업. 농업·목축업·임업·수산업·광업·공업·상업·무역·금융업 따위
- **산지촌** : 살고 있는 사람들이 주로 임업과 축산업의 일을 하는 산지에 이루어진 촌락
- **살림살이** : 가정을 꾸미고 살림을 차려 생활하는 일
- **상점** : 일정한 시설을 갖추고 물건을 파는 곳
- **생산** : 생활에 필요한 여러 가지 것들을 만들어 내는 것
- **생산 활동** : 사람들에게 필요한 것을 자연에서 얻는 활동, 생활에 필요한 것을 만드는 활동, 생활을 편리하게 도와주는 활동
- **생태 체험** : 환경과 자연의 여러 생물을 다양한 활동을 통해 경험하는 것

- **서당** : 옛날(고려 시대부터 조선 시대까지)에 아이들에게 글을 가르치기 위해 개인이 만든 교육 기관
- **서비스업** : 제품을 직접 만들거나 생산하여 소비자에게 판매하는 것이 아니라 노동을 통해 생활에 편리하고 즐겁게 하는 것과 관련된 산업
- **선택** : 여러 가지 가운데서 어떤 것을 고르거나 어떤 것을 하기로 결정하는 것
- **성능** : 어떤 물건이 가지고 있는 성질과 기능
- **성 역할** : 남성과 여성으로서 기대되는 역할
- **성 차별** : 성이 다르다는 이유로 차별을 받는 것
- **성희롱** : 어느 한쪽 성을 비하하거나, 수치감을 주는 성 관련 범죄
- **세대** : 생물이 생겨나서 생명을 마칠 때까지의 기간
- **소득** : 생산 활동을 하거나 그러한 활동에 기여한 대가로 얻게 된 돈
- **소송** : 법률상의 판결을 법원에 요구하는 일
- **소수자** : 적은 수의 사람으로 예를 들면 장애인, 다문화 가족, 북한 이탈 주민 등이 있음.
- **소비** : 물건이나 서비스를 사용하는 것
- **소질** : 타고난 능력이나 기질
- **손해** : 물질적이나 정신적으로 피해를 입는 것
- **수도권** : 수도를 중심으로 도시화된 지역
- **수질 오염** : 물과 관련해서 오염이 된 것
- **신도시** : 대도시에 집중된 인구를 분산시키기 위해 대도시 주변에 계획적으로 새로운 도시를 만드는 것

- **약자** : 세력이 약한 사람. 또는 그 집단
- **양봉** : 꿀을 뜨기 위해 벌을 침.
- **양성평등** : 성에 따른 차별을 받지 않고 자신의 능력에 따라 동등한 권리와 기회를 보장받는 것
- **여가** : 일과 공부에서 벗어나 우리가 자유롭게 보낼 수 있는 시간
- **여건** : 주어진 조건
- **오존 경보제** : 오존의 농도가 높으면 경보를 발령하여 차량과 사람들의 이동을 제한하는 제도
- **욕구** : 무엇을 얻거나 무슨 일을 바라고 원함.
- **원산지 표시제** : 물건을 어디서 만들었는지 생산된 곳을 표시하는 제도
- **유통 기한 표시제** : 먹을거리 식품 등이 안전하게 유통될 수 있는 날짜를 표시하는 제도
- **의사소통** : 가지고 있는 생각이나 뜻이 서로 통하는 것을 말함.
- **이자** : 남에게 빌려 주거나 빌려 쓴 대가로 받거나 지불하는 돈
- **인구** : 어떤 한 지역에 사는 사람의 수
- **인구 밀도** : 일정한 장소에 사람이 모여 사는 정도
- **인구 이동** : 환경, 교육, 취업 등의 목적으로 사람들이 이동하는 것
- **인구 집중** : 한 지역에 많은 인구가 모이는 곳
- **인권** : 존엄성 가진 인간으로서 누구나 가지는 기본적인 권리
- **인문 환경** : 인간의 활동으로 만들어진 환경
- **일손** : 일하는 사람
- **임업** : 목재를 얻거나 산림을 이용하여 얻는 일
- **입양** : 혈연관계의 자녀가 아닌 아이를 양자로 들이는 것

- **자매결연** : 어떤 지역이나 단체가 다른 지역ㆍ단체와 서로 돕기 위해 자매의 관계를 맺는 일

- **자원** : 원료, 노동력, 기술 등 생산 활동에 필요한 모든 것들

- **저축** : 벌어들인 돈 가운데 앞으로의 생활을 위해 돈을 쓰지 않고 남겨 두는 것

- **저출산** : 낮은 출산율을 말함.

- **정년** : 공무원ㆍ기타 직원이 일정한 나이에 이르면 퇴직하도록 정해진 연령

- **정보** : 문제에 도움이 될 수 있도록 정리된 자료나 지식. 현명한 선택을 할 때 도움을 받을 수 있는 부모님 의견, 광고, 인터넷 자료 등

- **제조업** : 자연에서 얻은 것을 이용하여 물건을 만드는 일

- **제조물 책임법** : 상품의 결함으로 인하여 발생하는 손해에 대해 생산자 등의 보상 책임을 분명히 하기 위해 만든 법

- **제품** : 원료를 써서 만들어 낸 물품. 원료를 가지고 물건을 만듦.

- **조사** : 알고 싶은 것을 자세히 살펴보거나 찾아보는 것

- **조손 가족** : 할아버지, 할머니와 손자, 손녀가 함께 생활하는 형태의 가족

- **지구 온난화** : 환경오염 등 여러 이유로 지구가 점점 더워지는 현상

- **지형도** : 땅의 형태나 높고 낮음을 지도에 나타낸 것

- **직업** : 가족이나 자신의 생활을 위하여 일정 기간 계속 일을 하여 소득을 얻거나 사회 발전에 기여하는 활동

- **직판장** : 생산자가 소비자에게 직접 판매하는 장소

- **창업** : 일이나 기업을 목적에 따라 만드는 것
- **채취** : 땅에서 풀 · 나무 등을 베거나 뜯거나 따거나 캐어 냄.
- **촌락** : 적은 수의 사람들이 한 마을을 이루는 시골의 작은 마을
- **출산** : 임신을 하고 아이를 낳는 일
- **출산율** : 일정 기간에 태어난 아이가 전체 인구에 차지하는 비율 또는 아기를 낳는 비율
- **친환경** : 어떤 일을 하든 환경을 먼저 생각하는 자세, 환경에 도움을 주고자 하는 태도

- **퇴비** : 두엄. 거름

- **편견** : 공정하지 못하고 한쪽으로 치우쳐진 생각
- **평야** : 큰 하천 주변에 흙이 쌓여 만들어진 땅 높이가 낮고 평평한 지역
- **폐교** : 학생 수 감소 등 여러 이유로 학교가 문을 닫아 더 이상 운영하지 않는 것
- **풍물놀이** : 농사일 등에 전통 악기를 연주하면서 흥을 돋기 위한 놀이
- **풍어제** : 고기를 많이 잡게 해 달라고 기원하는 제사

- **한국소비자원** : 소비자의 권리와 이익을 향상시키고 국민 경제 발전을 위해 노력하는 국가 기관
- **한 부모 가족** : 아버지 또는 어머니 어느 한 쪽과 자녀로 이루어진 가족

- **한정** : 생활에 필요한 자원이나 돈이 정해져 있음. 제한되어 있음.

- **핵가족** : 아버지와 어머니, 결혼하지 않은 자녀들이 함께 생활하는 가족

- **행정 구역** : 행정 기관의 권한이 영향을 주는 일정한 범위

- **협력** : 힘을 모아 서로 도움.

- **형편** : 살림살이의 상태를 말함.

- **확대 가족** : 결혼한 자녀들이 부모님과 같이 생활하는 가족

- **환경오염** : 깨끗한 물, 공기, 토양 등이 더러워지는 것

- **환불** : 요금 따위를 되돌려 줌.

- **희소성** : 사람들의 욕구에 비해 충족시킬 돈, 자원 등이 부족함.